高等职业院校前沿技术专业特色教材

U0668176

myRIO
项目应用教程

◎ 周述苍 谢志坚　　主　编

　张富建 庞春 王茜　副主编

清华大学出版社

北 京

内 容 简 介

本书紧紧围绕国家职业标准,紧贴世界技能大赛移动机器人项目,按机器人专业教学计划,参照人社部 2020 年度增补专业"服务机器人应用与维护",以职业院校机电一体化、人工智能、机器人类专业为基础,深入浅出地对 myRIO 和移动机器人世界技能大赛机器人搭建调试 LabVIEW 基础编程常用功能进行介绍。对 myRIO 基础、通过 myRIO 完成对各个传感器设备的控制、编程方式进行讲解,并且通过实例编程调试,达到实用、够用、必用的学习目标,满足工作或竞赛需要及实际需求。

本书按照项目式教学方式,紧密结合实例引导学生进行思考与实践,赋予理论知识更多的实验实训乐趣,希望能更受职业教育师生青睐。

本书可作为机器人、测控、人工智能、自动控制、机电一体化、计算机、物联网等相关专业的教材,也可为广大科技人员、教育工作者提供参考。

图书在版编目(CIP)数据

myRIO 项目应用教程/周述苍,谢志坚主编. —北京:清华大学出版社,2021.12
高等职业院校前沿技术专业特色教材
ISBN 978-7-302-59048-4

Ⅰ. ①m⋯ Ⅱ. ①周⋯ ②谢⋯ Ⅲ. ①可编程序控制器—教材 Ⅳ. ①TM571.61

中国版本图书馆 CIP 数据核字(2021)第 178876 号

责任编辑:张 弛
封面设计:刘 键
责任校对:赵琳爽
责任印制:沈 露

出版发行:清华大学出版社
  网 址:http://www.tup.com.cn,http://www.wqbook.com
  地 址:北京清华大学学研大厦 A 座   邮 编:100084
  社 总 机:010-62770175   邮 购:010-62786544
  投稿与读者服务:010-62776969,c-service@tup.tsinghua.edu.cn
  质量反馈:010-62772015,zhiliang@tup.tsinghua.edu.cn
  课件下载:http://www.tup.com.cn,010-83470410
印 装 者:北京国马印刷厂
经 销:全国新华书店
开 本:185mm×260mm 印 张:8   字 数:191 千字
版 次:2022 年 2 月第 1 版   印 次:2022 年 2 月第 1 次印刷
定 价:39.00 元

产品编号:089775-01

前　言

随着我国工业智能化的发展,工业企业的个性化需求增加。机器人领域的人才需求,特别是高端人才的需求也随之剧增。笔者基于长期教学与工作实践,紧贴世界技能大赛移动机器人项目及竞赛成果转化,开篇对 myRIO 基础做了简述,让有一定电子技术基础的读者迅速了解机器人编程,通过继电器点灯、流水灯、矩阵键盘、红外测距、超声波测距等几个基本实验实训,让读者初步掌握机器人编程。在六轴姿态传感器实验、舵机控制、电机开环控制、电机闭环控制等几个实验实训中,可以对机器人编程实现进一步的深入理解。最后进行了机器视觉的简述,并介绍了两轮差速移动机器人和全向轮移动机器人。

由于篇幅有限,本书在内容的处理上,以必需和够用为原则,对内容做了必要的精简,以理论为引导,围绕实践展开,删繁就简。针对目前职业类学生的基础和学习特点,打破原来的旧框框及实习须依据理论来设置的旧方法,着重培养学生实践动手能力及解决实际问题的能力,将理论知识及实验内容紧密结合当前的生产实际,并将新技术、新工艺、新方法纳入本书,编入目前竞赛及企业的实用知识,为学生今后就业及适应岗位打下扎实的基础。

本书由周述苍、谢志坚担任主编,张富建、庞春和王茜担任副主编。在本书的编写和审定过程中,第 45 届世界技能大赛移动机器人金牌得主胡耿军,第 44 届世界技能大赛移动机器人铜牌得主梁灶容,广州机电学院熊邦宏、唐镇城等教师提出了许多宝贵意见并给予了大力支持、指导和帮助,在此一并致谢!

由于本书涉及内容较多,新技术、新装备发展较迅速,加之编者水平有限,书中不足之处在所难免,恳请广大读者对本书提出宝贵意见和建议,以便修订时补充更正。

编　者

2021 年 7 月

目 录

第 1 章

认识myRIO

1.1 myRIO 简介

1.1.1 概述

NI myRIO 是 NI 针对教学和学生创新应用而最新推出的嵌入式系统开发平台。NI myRIO 内嵌 Xilinx Zynq 芯片,使学生可以利用双核 ARM Cortex-A9 的实时性能以及 Xilinx FPGA 可定制化 I/O,学习从简单嵌入式系统开发到具有一定复杂度的系统设计。

NI myRIO 作为可重配置、可重使用的教学工具,在产品开发之初即确定了以下重要特点。

(1) 易于上手使用。引导性的安装和启动界面可使学生更快地熟悉操作,帮助学生学习众多工程概念,完成设计项目。

(2) 编程开发简单。通过实时应用、FPGA、内置 WiFi 功能,学生可以远程部署应用,"无头"(无须远程计算机连接)操作。三个连接端口(两个 MXP 和一个与 NI myDAQ 接口相同的 MSP 端口)负责发送/接收来自传感器和电路的信号,以支持学生搭建的系统。

(3) 板载资源丰富。共有 40 条数字 I/O 线,支持 SPI、PWM 输出、正交编码器输入、UART 和 I^2C,以及 8 个单端模拟输入、2 个差分模拟输入、4 个单端模拟输出和 2 个对地参考模拟输出,方便通过编程控制连接各种传感器及外围设备。

(4) 安全性。直流供电,供电范围为 6～16V,根据学生用户特点增设特别保护电路。

(5) 便携性。NI myRIO 上所有功能都已经在默认的 FPGA 配置中预设好,使学生在较短的时间内就可以独立开发完成一个完整的嵌入式工程项目应用,特别适用于控制、机器人、机电一体化、测控等领域的课程设计或学生创新项目。当然,如果有其他方面的嵌入式系统开发应用或者一些系统级的设计应用,也可以用 NI myRIO 来实现。

1.1.2　硬件资源

myRIO 拥有包括 10 个模拟输入、6 个模拟输出、音频 I/O 通道和多达 40 条数字 I/O 线,以及板载 WiFi、1 个三轴加速计和 4 个可编程的 LED,共同集成在一个耐用、封闭的架构中。NI myRIO-1900 及其配件如图 1-1 所示;NI myRIO-1900 外观如图 1-2 所示;myRIO 整体硬件资源分布如图 1-3 所示;NI myRIO-1900 A 连接口和 B 连接口如图 1-4 所示;NI myRIO-1900 C 连接口如图 1-5 所示。

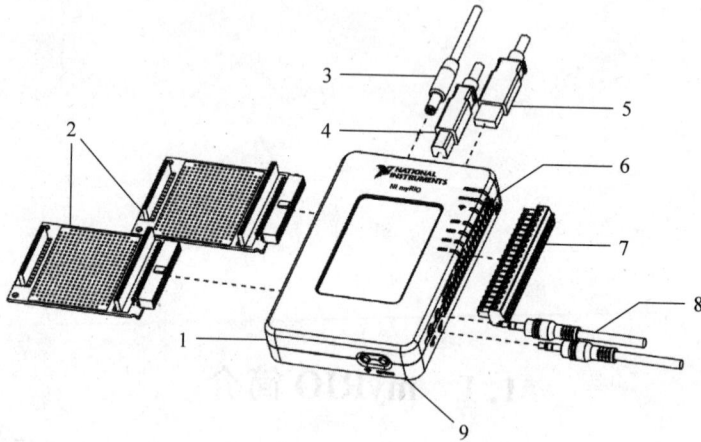

图 1-1　NI myRIO-1900 及其配件

1—NI myRIO-1900;2—myRIO 的扩展端口(MXP)(开发盒中包含一个);3—输入电源线;
4—USB 设备连接线;5—USB Host 连接线(未包含在开发盒中);6—LED;7—迷你系统端口(MSP)螺旋式接线柱;8—音频输入/输出线(开发盒中包含一条);9—按钮

图 1-2　NI myRIO-1900 外观

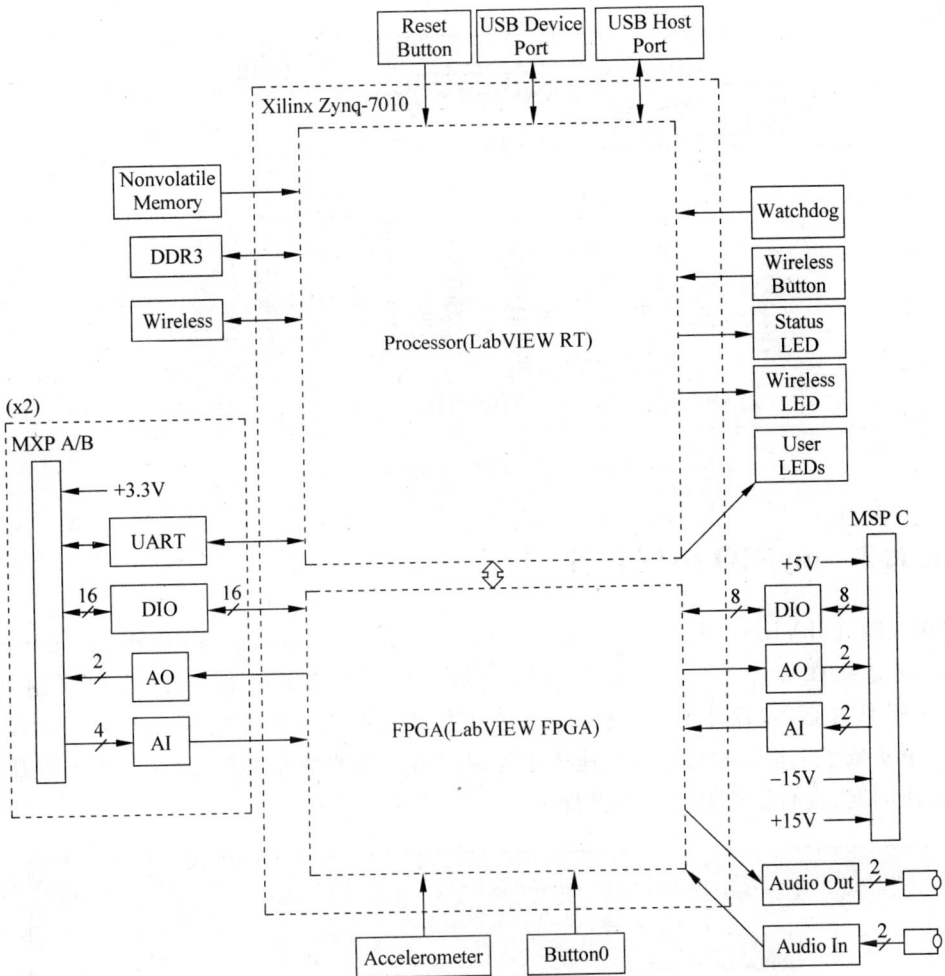

图 1-3　myRIO 整体硬件资源分布

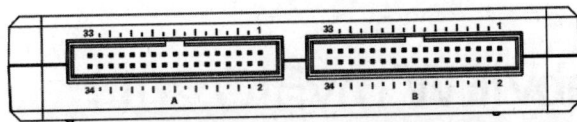

图 1-4　NI myRIO-1900 A 连接口和 B 连接口

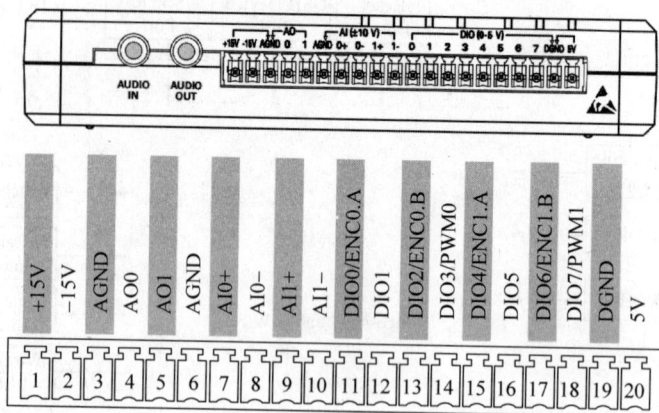

图 1-5　NI myRIO-1900 C 连接口

1.1.3　myRIO 编程软件

2014 版 LabVIEW 界面如图 1-6 所示。LabVIEW（laboratory virtual instrument engineering workbench）是一种程序开发环境，由美国国家仪器（NI）公司研制开发。LabVIEW 软件是 NI 设计平台的核心，也是开发测量或控制系统的理想选择。LabVIEW 开发环境集成了工程师和科学家快速构建各种应用所需的所有工具，旨在帮助工程师和科学家解决问题、提高生产力和不断创新。

图 1-6　2014 版 LabVIEW 界面

如果只对实时处理器（ARM）编程，可以选择图形化编程开发环境 LabVIEW。只要在 LabVIEW 中新建一个针对 NI myRIO 的项目（可基于向导自动生成该项目），然后就像开发 Windows 下的 LabVIEW 程序一样进行编程，程序可以自动编译并在 ARM 实时处理器中执行。LabVIEW 中已经内置了多种现成的函数,并且针对 NI myRIO 各种外围 I/O 提供不同层次的驱动函数,既可以访问高级特性,也可以进行更底层的编程。这些现成的驱动函数接口除了常见的模拟输入、模拟输出、数字 I/O 之外,还包括 I^2C 总线、SPI 总线、PWM、编码器、UART 等接口驱动函数。由于 LabVIEW 图形化编程的特点非常符合工程思维,因此非常直观,并且易于上手,学生容易在短时间内完成较复杂的系统设计和调试。

1.1.4　myRIO 应用案例

myRIO 部分应用案例如图 1-7 所示。

(a) 哈尔滨工业大学和东南大学的两位学生以NI myRIO作为控制平台开发完成的四旋翼飞行器

(b) 国外学生开发的烧烤温度自动监控系统,并可通过iPad界面进行监控

(c) 国外学生开发的自行车自动换挡控制器,并可通过手机界面显示当前挡位

(d) 国外学生利用NI myRIO结合USB摄像头开发的庭院防盗报警系统

(e) 中国学生利用NI myRIO制作移动机器人参加比赛

图 1-7　myRIO 部分应用案例

1.2　连接与配置 myRIO

1.2.1　通过 USB 连接 myRIO

通过 USB 连接 myRIO,如图 1-8 所示。

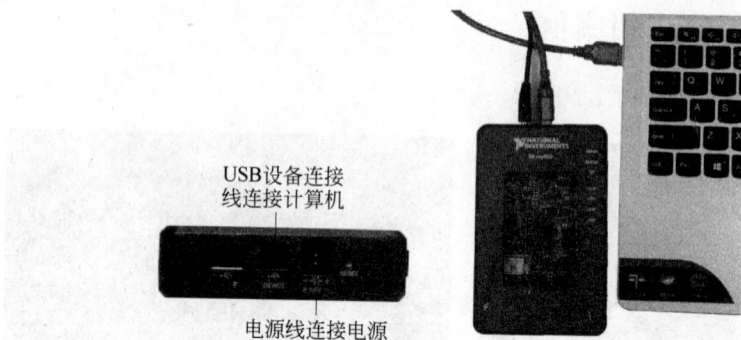

图 1-8　通过 USB 连接 myRIO

注意:若此时 myRIO 的实时处理器上没有实际安装任何软件,右侧 STATUS 的 LED 指示灯会一直处于红色闪烁状态。

当 myRIO 与计算机连接好后,会自动弹出如图 1-9 所示的启动界面,单击 Launch the Getting Started Wizard 对 myRIO 进行相关设置。

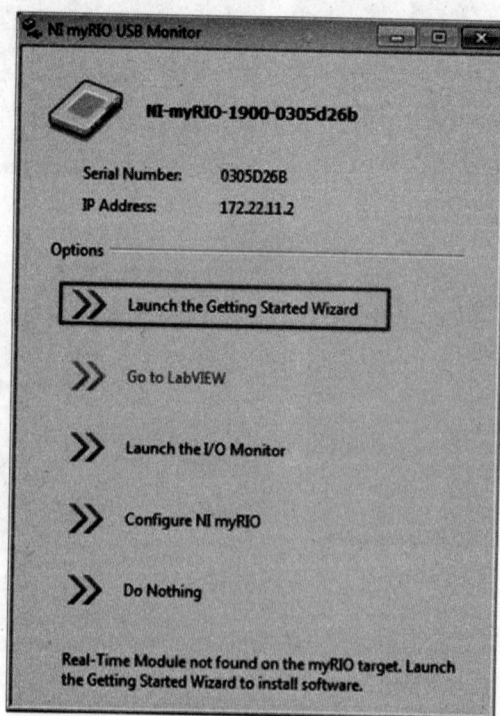

图 1-9　myRIO 相关设置

找到已安装的设备之后，如图 1-10 所示，单击 Next，在下一个界面中可以看到其序列号，用户也可以修改设备名字，但之后需要重启 myRIO。再次单击 Next 之后，上位机已经安装的相关软件会自动在 myRIO 上创建一套实时操作的副本，这一过程可能会花费几分钟的时间。由于 myRIO 在安装完软件之后需要重启，所以启动界面会再次出现，单击 Do Nothing 即可。

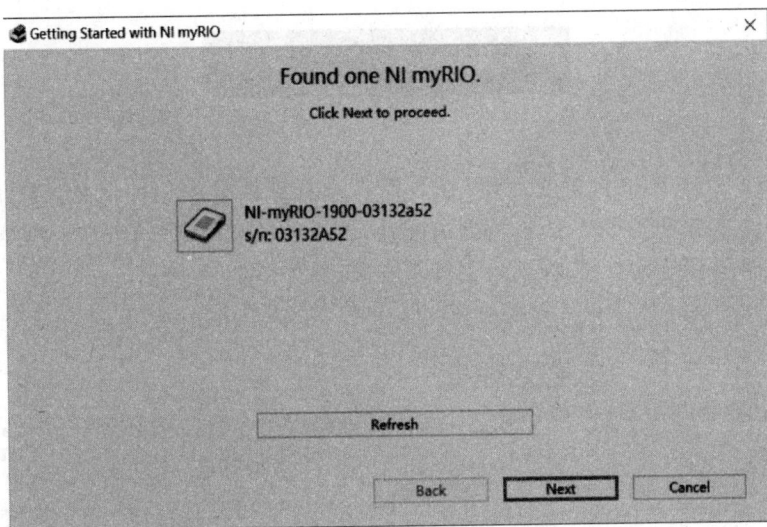

图 1-10　安装设备

随后安装向导会提供一个如图 1-11 所示的测试面板，用户可以自由测试 myRIO 上的三轴加速度计和 LED 的硬件性能。单击 Next 完成安装，下面就可以在 LabVIEW 中对 myRIO 进行进一步的自定义开发。

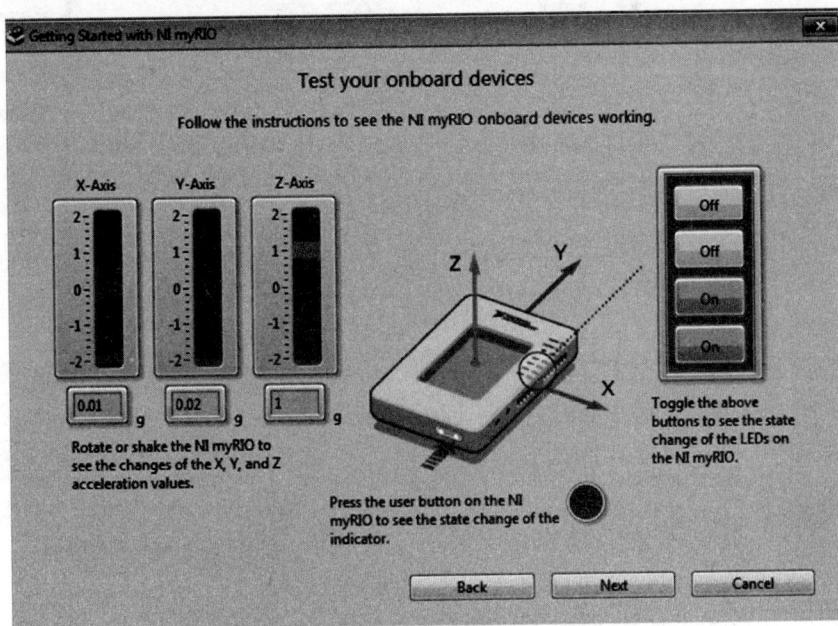

图 1-11　测试面板

1.2.2 通过 NI MAX 配置 myRIO

NI MAX 即 NI 的配置管理软件(measurement & automation explorer),便于 PC 与 NI 硬件产品的交互,界面如图 1-12 所示。NI MAX 可以识别和检测 NI 硬件,实现数据采集并自动导入 LabVIEW。

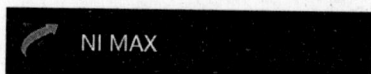

图 1-12　NI MAX 界面

单击打开 NI myRIO 设备之后,可在页面右方看到设备的相关信息。在 IP 地址一栏中,以太网地址是指通过 USB 线连接到的网址,无线地址则尚未配置,往下浏览可继续自行查阅序列号、操作系统版本号、物理内存等基本信息,如图 1-13 所示。

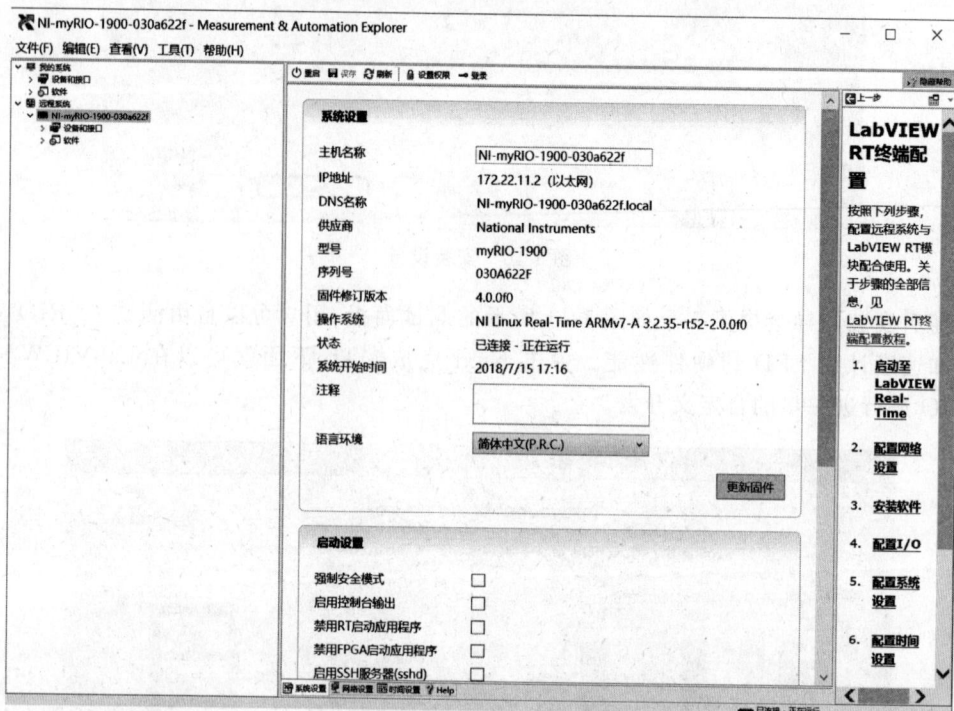

图 1-13　打开 NI myRIO 设备

在左侧设备管理栏中展开 myRIO 可看到其设备与接口,如图 1-14 所示。如果在 myRIO 上连接了 USB 摄像头采集图像时,同样也能在此处查看到 USB 摄像头资源。

展开"软件",可看到 myRIO 上所安装的软件的信息,这些软件在主机上分别对应的安装软件可通过"我的系统"→"软件"下拉菜单查看,如图 1-15 所示。

注意:必须保持实时操作系统下的软件版本与主机

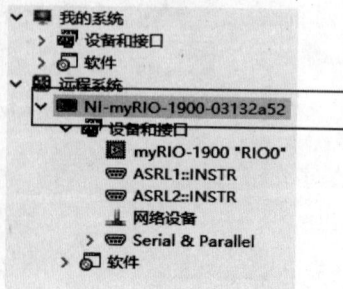

图 1-14　设备与接口

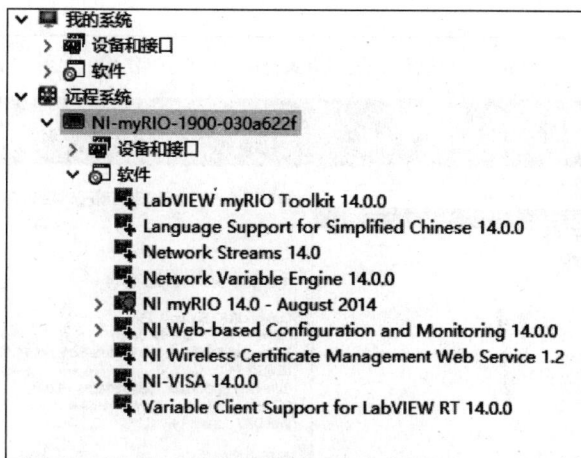

图 1-15　myRIO 上安装的软件

相一致,程序才能正确无误地编译下载至实时操作系统中在 myRIO 上运行。因此当主机有软件或驱动软件的版本升级时,实时操作系统下的软件副本也需要一起升级。可通过右击 myRIO 下的"软件"按钮,添加/删除软件,或者直接单击右侧页面顶端的"添加/删除软件"按钮,如图 1-16 所示。

图 1-16　添加/删除软件

在打开的对话框中可以看到当前在 myRIO 上安装软件版本,单击"自定义软件安装"→"下一步",在弹出的对话框中选择确定要手动选择安装组件,如图 1-17 所示。

在左侧滑动栏中便能看到需安装或卸载的组件。选择需要更新的软件,在右侧主机可用版本中选择更新后的版本单击"下一步"便能将软件同步更新到 myRIO 上。

如果用户安装的是中文版 LabVIEW 软件,下载 LabVIEW 程序时系统会提示语言版本不匹配的错误,这时可以通过在上述自定义软件安装的可选组件中选择安装 Language Support for Simplified Chinese 来解决此问题,如图 1-18 所示。

安装完之后还需要回到 NI MAX 设备配置管理界面中的系统设置选项卡,在语言环境的下拉菜单中选择"简体中文"并单击"保存",如图 1-19 所示。

图 1-17　确定要手动选择安装组件

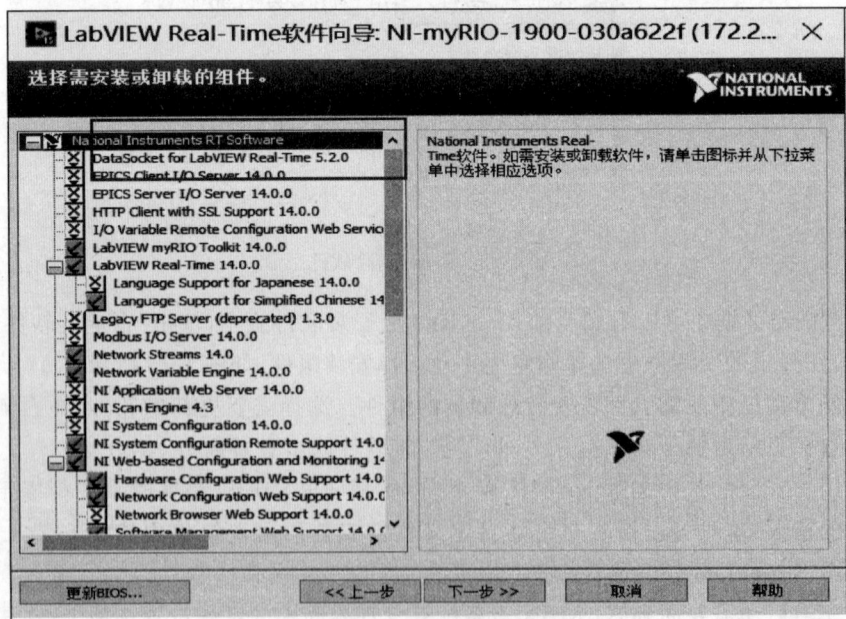

图 1-18　自定义软件安装

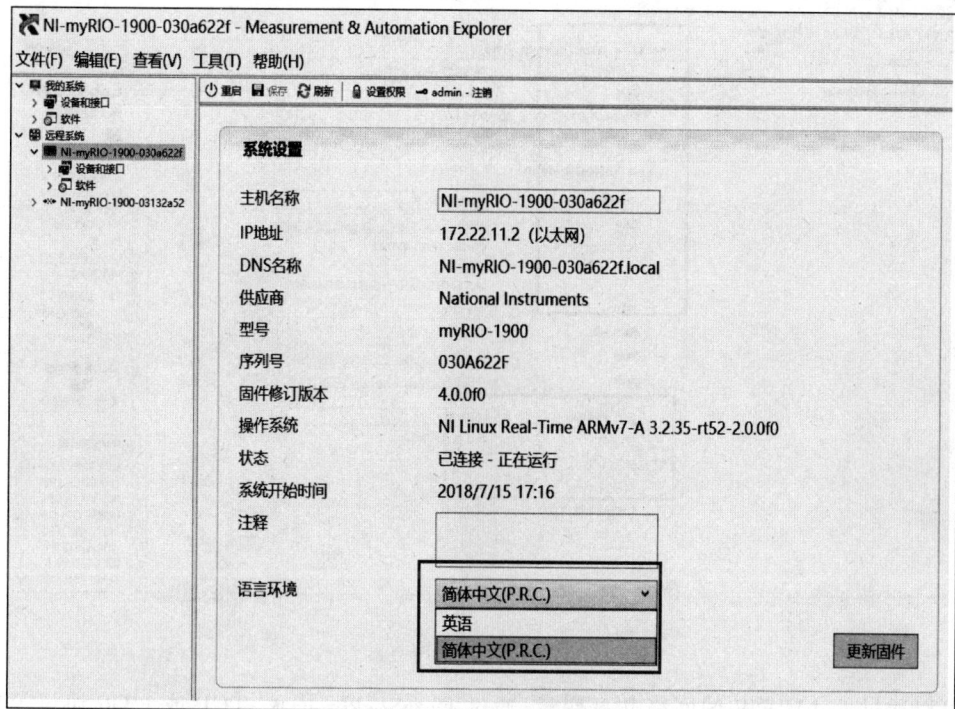

图 1-19 设备配置

1.2.3 为 myRIO 配置无线连接

myRIO 不仅可以通过 USB 线与计算机相连,还可以通过 WiFi 实现连接。myRIO 自身可以被配置为一个 WiFi 热点,上位机和其他智能终端都可以通过其发射的无线网络连接至 myRIO 上,这样在某些应用中会显得更加便捷,例如车载应用等。

注意:配置 myRIO 为热点的功能需要 NI myRIO 13.1 或更高版本的驱动支持。

(1) 先连上 USB 线缆,在 NI MAX 中进入目标 myRIO 的网络设置选项卡界面,在无线适配器一栏进行更改配置。

(2) 更改无线模式为创建无线网络,即在 myRIO 上创建一个无线网络的接入点。SSID 为创建的无线网络名,可起名为 myRIO。在直接接入模式下,需更改配置 IPv4 地址为仅 DHCP,如图 1-20 所示。

(3) 单击"保存",可发现状态为正在广播 myRIO,同时会出现新的 IPv4 地址,这是 myRIO 作为一个无线接入点分配的地址。

此时 myRIO 已工作在无线接入模式下,可以将其理解为一个自定义的热点,第三方设备便可以连接到此无线 AP 上。在装有无线网卡的上位机中,可以直接通过无线网络连接功能,与 myRIO 无线网络进行连接。此后可以再次断开 USB 线缆,与使用第三方无线路由器是类似的,创建 myRIO 模板项目,通过 WiFi 找到目标硬件后,使用示例程序进行验证。

myRIO 的无线连接以及其作为无线 AP 的功能不仅是为了开发方便,更重要的是,利用上述功能可以在开发某些应用时,通过无线设备与 myRIO 通信,从而获得其数据状态等信息以及对其进行控制。例如,要使 myRIO 通过 WiFi 与其他具有无线网卡的计算机相

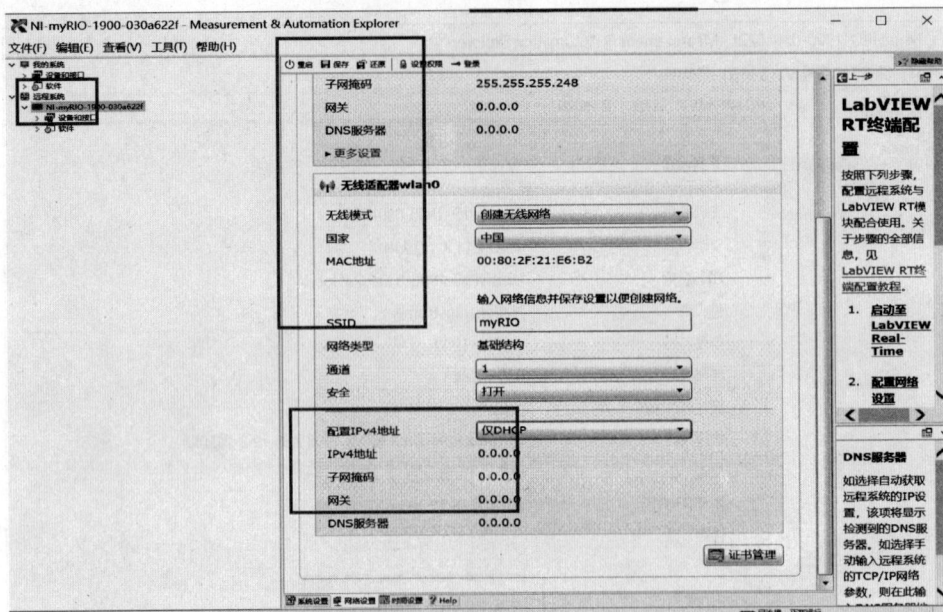

图 1-20　更改配置

连,可以通过 LabVIEW 的网络共享变量,通过 DataSocket 技术、TCP 或 UDP 协议等技术
方式来实现。

1.3　开发一个新的 myRIO 项目

1.3.1　新建 myRIO 项目

完成前面的准备工作之后便可以打开 LabVIEW 开发第一个 myRIO 项目,如图 1-21
所示。

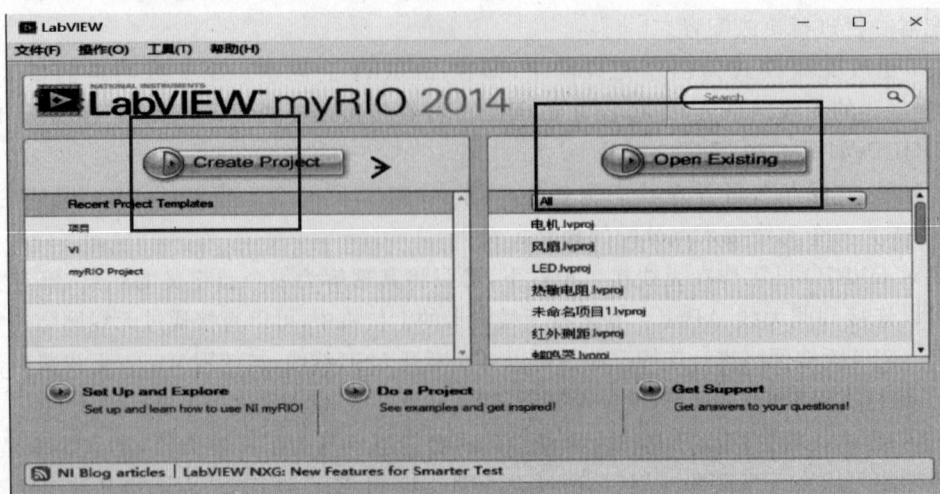

图 1-21　打开 LabVIEW

在 LabVIEW 启动界面上单击 Create Project，会弹出一个对话框，如图 1-22 所示。

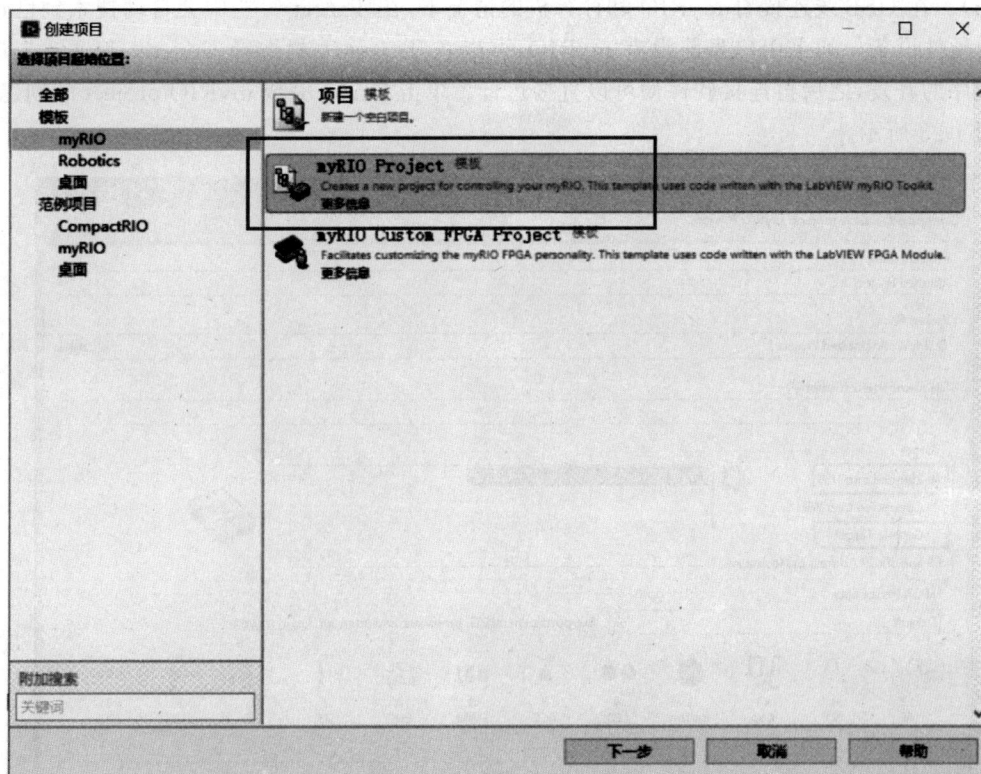

图 1-22 启动 LabVIEW

用户可以在左侧看到不同的模板，选择"模板"→myRIO 之后会出现相应的一些模板，如表 1-1 所示。

表 1-1 LabVIEW 模板

目录	说 明
	空工程模板。创建一般的工程模板
	myRIO 工程模板。创建针对 myRIO 上 ARM 处理器开发的模板
	myRIO 自定义 FPGA 工程模板。创建同时对 ARM 处理器和 FPGA 编程的模板

　　选择创建 myRIO Project，用户可以自行修改项目名称（Project Name）和路径（Project Root）。在 USB 线连接着 myRIO 和计算机的情况下，在 Target 一栏中会自动搜索到已连接的硬件设备。如果用户当前没有 myRIO，可以在 Target 一栏选择 Generic Target 先进行程序的开发，之后再连接硬件便可以直接运行。单击 Finish 完成 myRIO project 的创建，如图 1-23 所示。

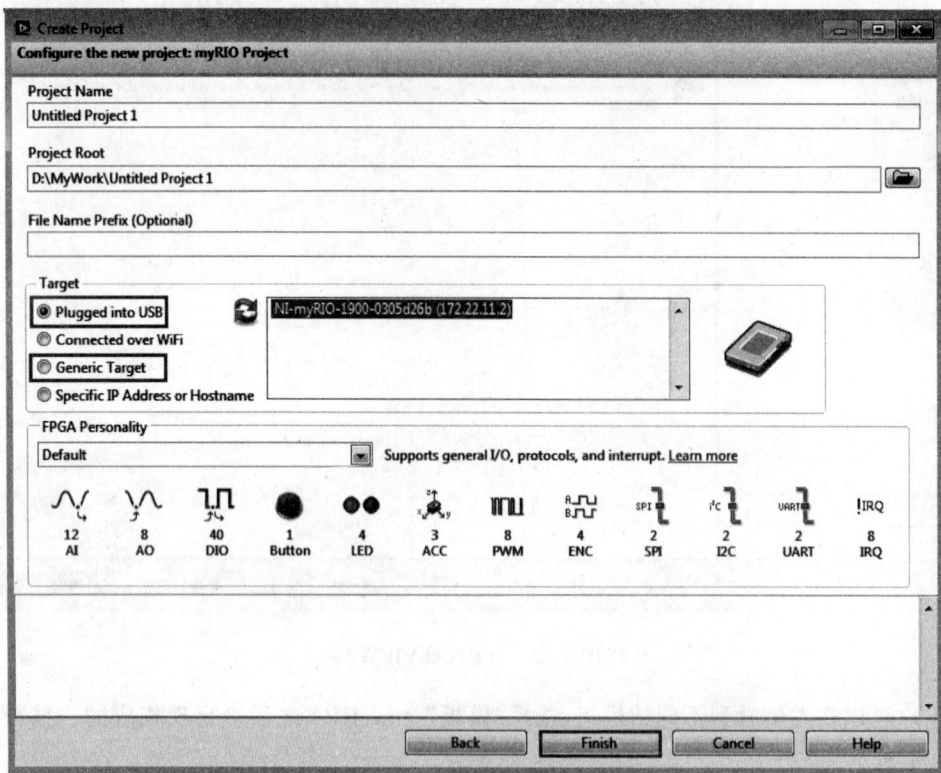

图 1-23　完成 myRIO project 的创建

　　如果是通过 WiFi 连接，即使断开 USB 线连接，此时在 Connected over WiFi 也可以搜索到设备。单击"完成"，完成通过 WiFi 连接的 myRIO 工程的创建，如图 1-24 所示。

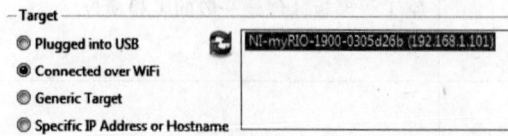

图 1-24　通过 WiFi 连接 myRIO

1.3.2　myRIO 与计算机连接

　　(1) 确保 myRIO 设备已通过 USB 线或 WiFi 与计算机相连。

　　(2) 右击项目管理器界面上的 myRIO Target，如果用户在创建工程时已连接 myRIO 设备，则直接在右键菜单中选择"连接"，如图 1-25 所示。

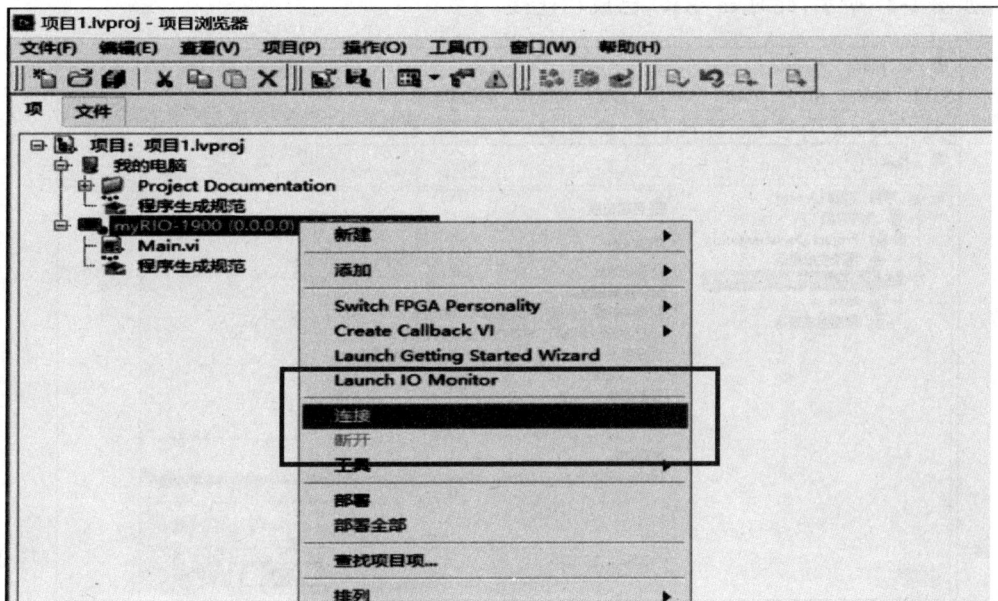

图 1-25 myRIO 与计算机连接

（3）只有保证 myRIO Target 与计算机连接上才能编译下载程序，连接成功后单击"关闭"。

注意：如果用户当时选择了 Generic Target，则需要在"属性"窗口中选择"常规"→"IP 地址/DNS 名"，输入 NI MAX 中 myRIO 设备的 IP 地址，保存后再进行"连接"操作，如图 1-26 所示。

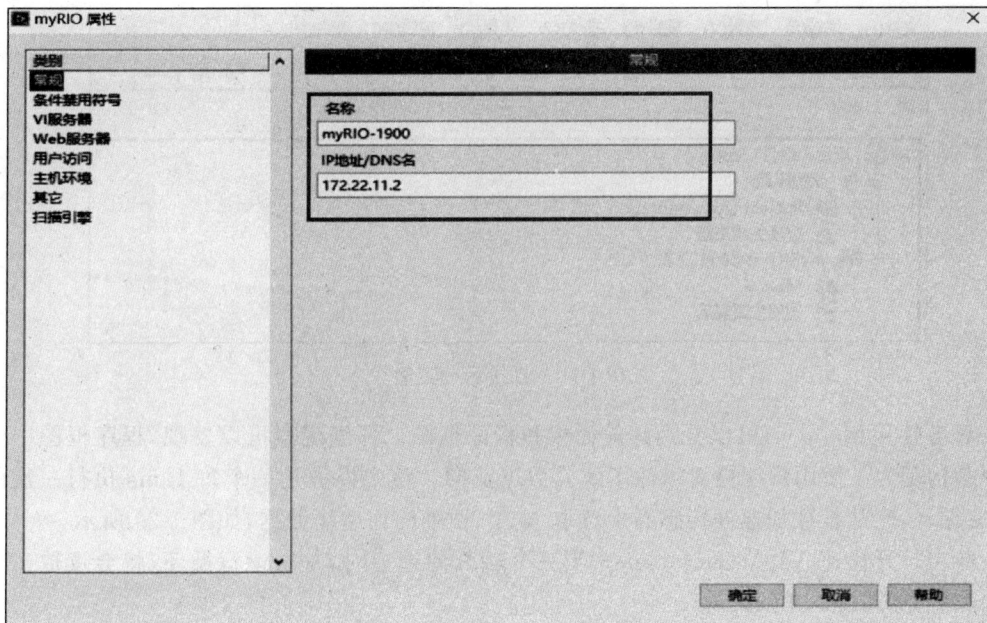

图 1-26 Generic Target 连接

如图 1-27 所示，此时 myRIO 已成功连接。

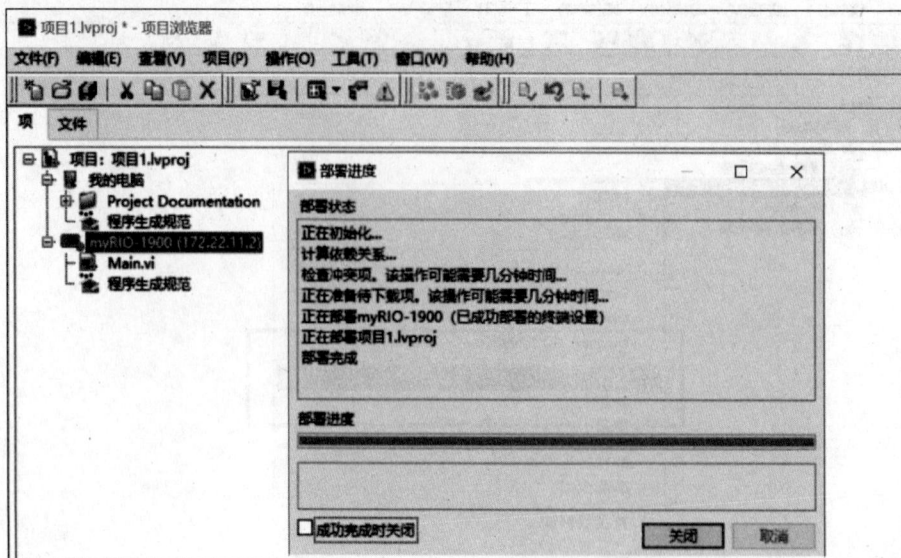

图 1-27　成功连接

1.3.3　运行实例程序

在程序自动创建的项目管理器中，用户可以观察到主程序，例如 Main.vi。本工程中的 Main.vi 是为用户提供的一个实例，可直接运行，如图 1-28 所示。

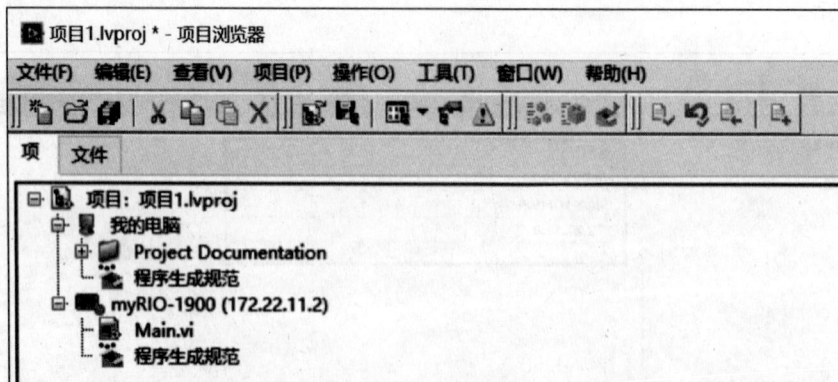

图 1-28　直接运行实例

双击打开 Main.vi，可以看到其前面板和程序框图。仔细观察可以发现，程序框图中的顺序结构是为了使用户能更清晰地了解其数据流向。整个模板是一个每 10ms 执行一次的 while 循环，它从板载加速度传感器上读取 X、Y、Z 轴的加速度数据，如图 1-29 所示。

双击打开快速 VI Accelerometer，当三个轴都勾选上时，每次运行循环，将会读取三个轴的数据，如图 1-30 所示。

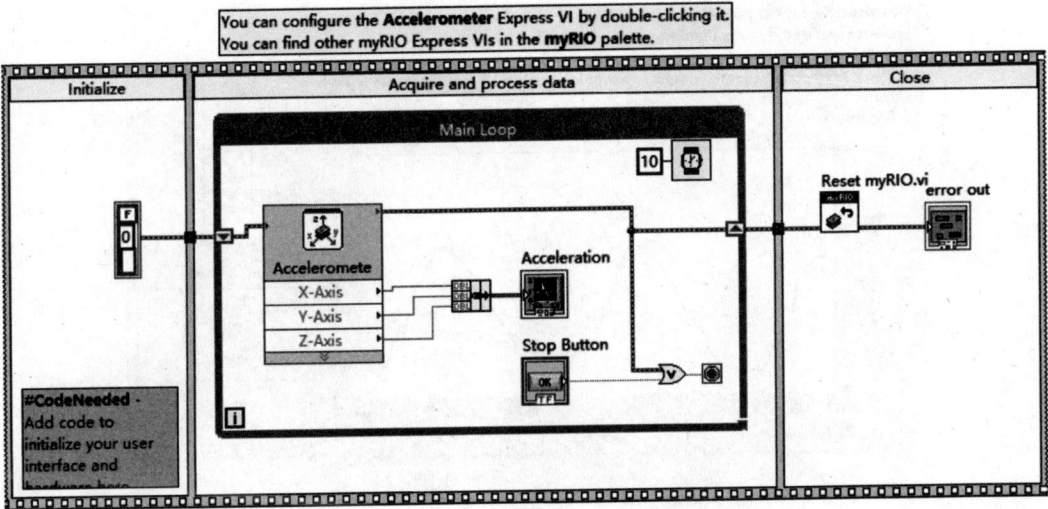

图 1-29 前面板和程序框图

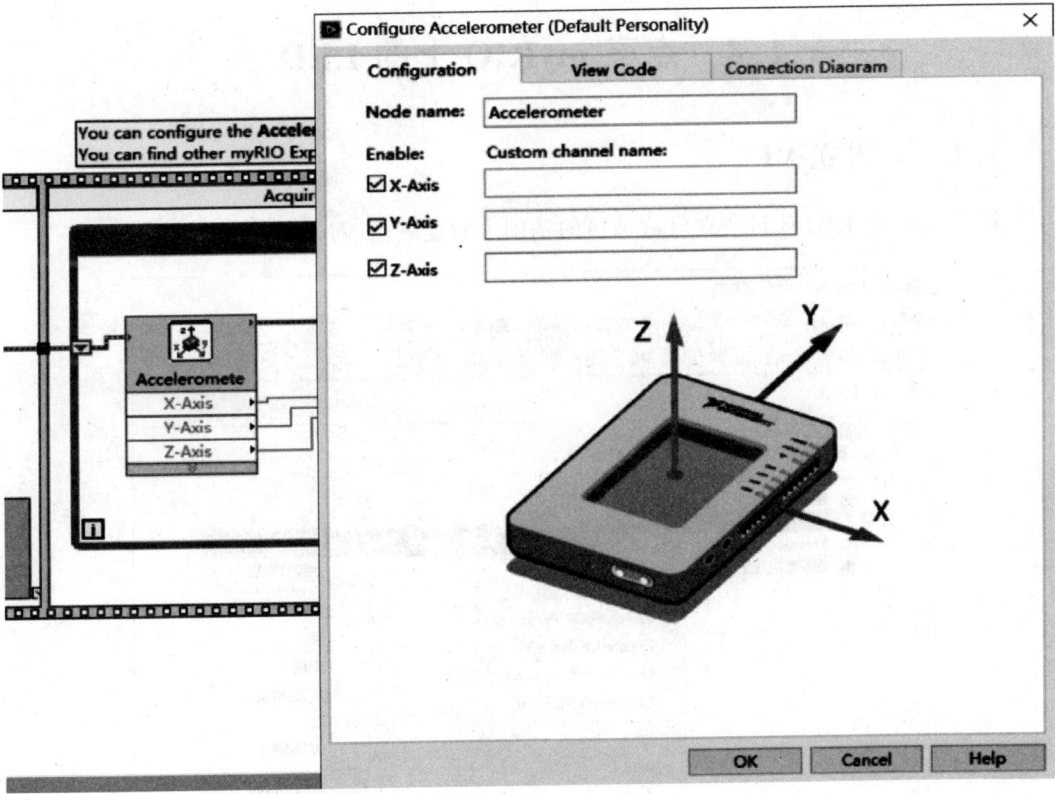

图 1-30 读取三个轴数据

单击"运行"按钮,编译下载完成后程序开始运行。用户可通过摆动 myRIO 观察图形图表中 X、Y、Z 轴上采集到的加速度数据,单位为 g,其中 Z 轴上有针对自由落体的参考系,如图 1-31 所示。

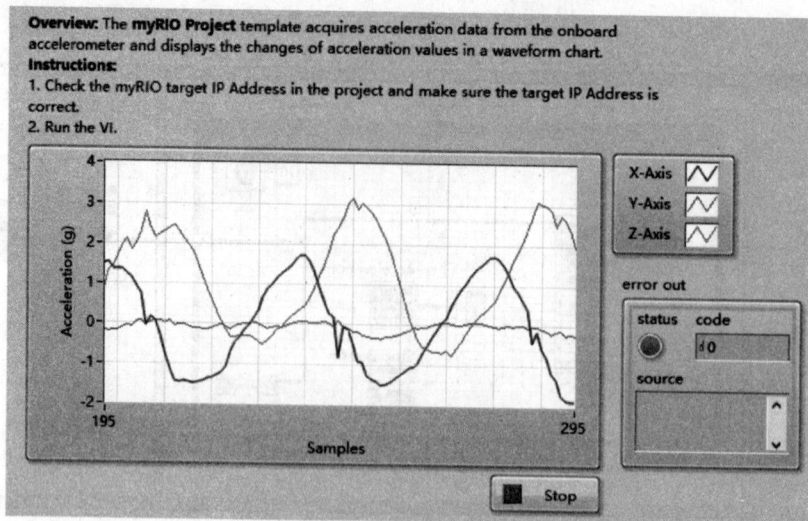

Overview: The **myRIO Project** template acquires acceleration data from the onboard accelerometer and displays the changes of acceleration values in a waveform chart.
Instructions:
1. Check the myRIO target IP Address in the project and make sure the target IP Address is correct.
2. Run the VI.

图 1-31　采集加速度数据

1.4　点亮 myRIO 上的 LED

1.4.1　建立 VI

新建一个 myRIO 项目或在已有项目的基础上新建一个 VI,如图 1-32 所示。

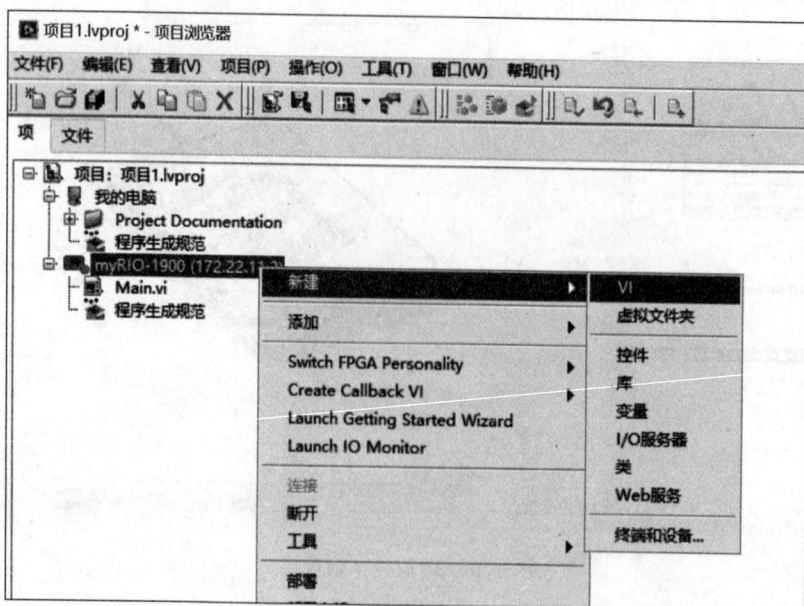

图 1-32　新建项目

　　注意: 新建 VI 后可先对 VI 进行保存,左上角"文件"→"保存"→选择路径和修改文件名。

　　打开程序框图,在空白处右击,选择 myRIO→Default→LED 控件,在 LED 控件四路输入中创建输入控件,即 LED 的开关按钮,添加 while 循环结构和一个停止按钮,如图 1-33 所示。

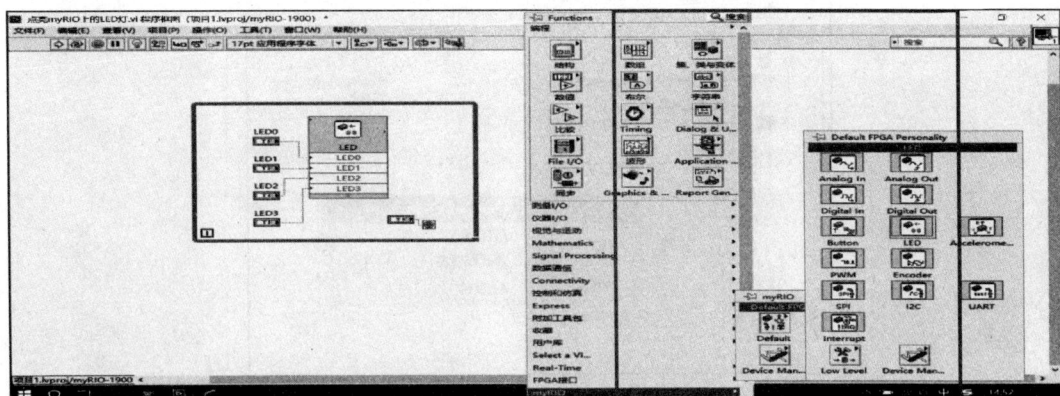

图 1-33　输入控件

　　单击"运行",即可通过四个按键控制 myRIO 上的四个 LED,如图 1-34 和图 1-35 所示。

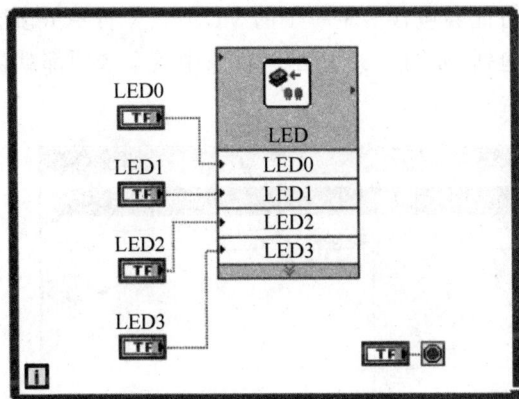

图 1-34　点亮 LED 的程序框图

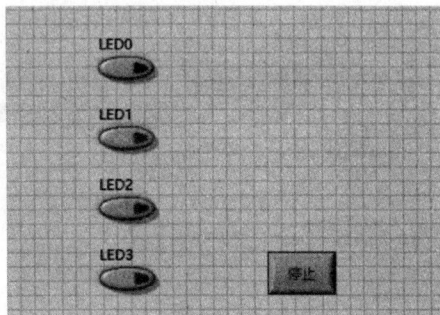

图 1-35　点亮 LED 的前面板

　　myRIO 程序部署,在开发过程中,用户通常会使用 USB 线缆来连接 myRIO 和计算机。当开发完成后用户便可以将整个项目作为一个独立的应用程序部署并存储到 myRIO 的硬盘上,当下一次启动 myRIO 时,不用连接计算机,应用也将自动运行,这即是上电自启动程序。

1.4.2　生成并部署应用程序

　　(1) 在工程浏览器窗口中打开 myRIO 目标下的 Main. vi,使用 USB 线缆连接 myRIO 与开发上位机,单击"运行",确保程序能在实时操作系统上正常运行。

　　(2) 回到工程浏览器窗口,右击选择 myRIO 目标下的"程序生成规范"→"新建"→ Real-Time Application,创建应用程序,如图 1-36 所示。

　　(3) 配置应用程序。

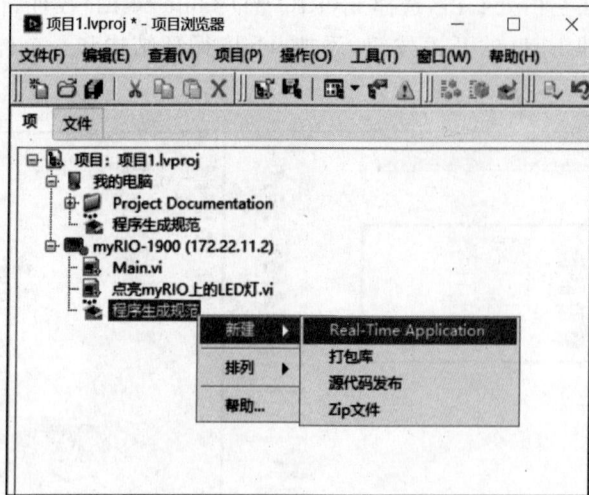

图 1-36　创建应用程序

在 Information 一项中,"程序生成规范名称"可以选择为默认名称。下面三项配置都选择默认即可。

在 Source Files 一项中,用户的应用程序可能会包含多于一个的 VI,但只会有一个顶层 VI,将其选择为启动 VI,子 VI 可选择为始终包括,如图 1-37 所示。目录中其余选项都默认即可,用户可自行查看相关配置信息。

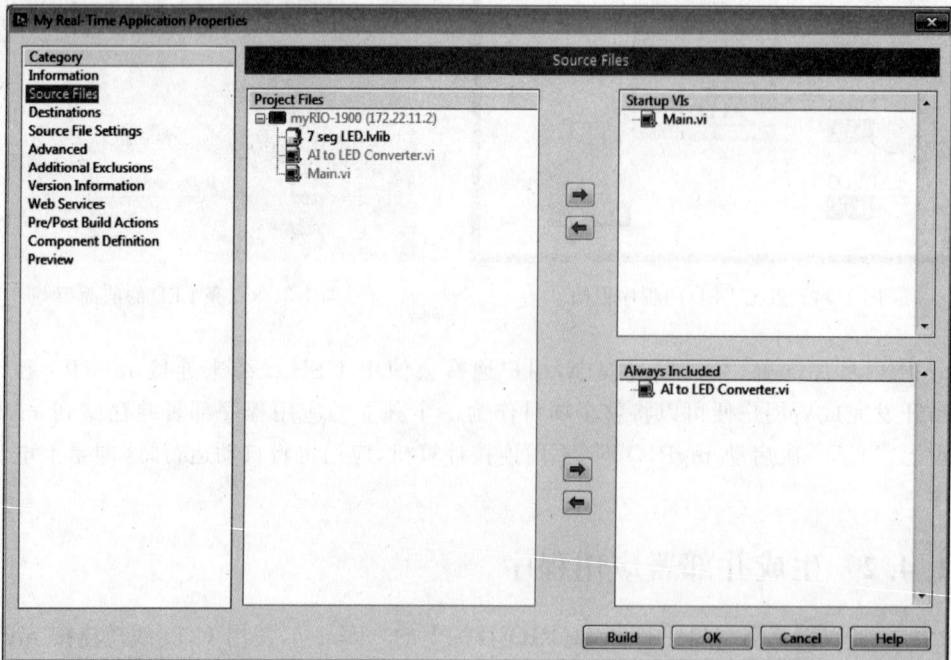

图 1-37　配置应用程序

（4）选中 Preview 一项,单击"生成预览"。如果用户不希望将生成的错误信息写入实时操作系统,可在 Advanced 中,将复制错误文件代码勾选掉,再次单击"生成预览"即可发现只有必要的应用程序信息将被写入 myRIO，如图 1-38 所示。

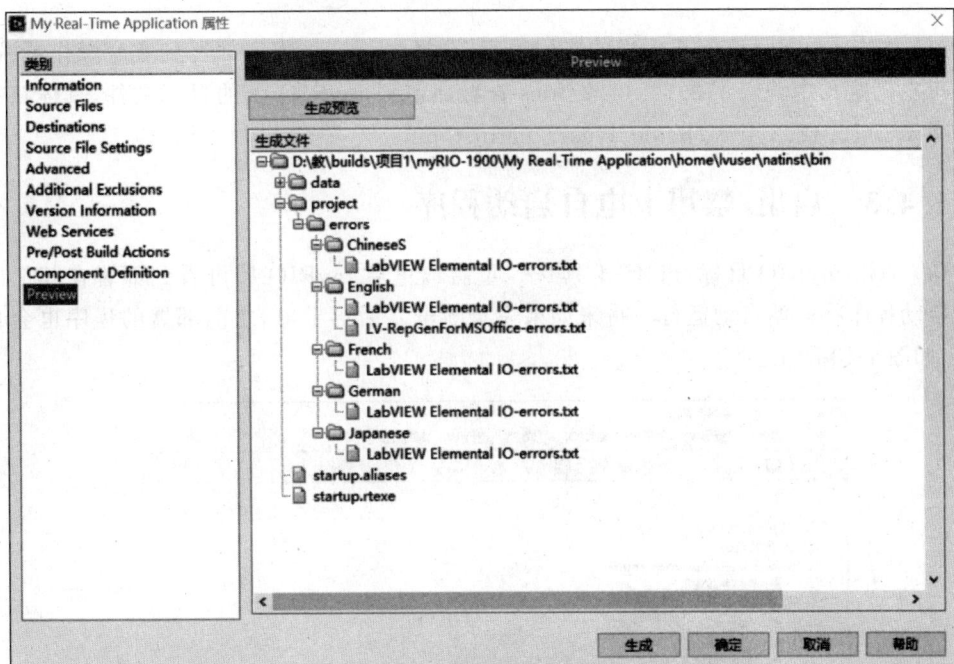

图 1-38 程序信息写入 myRIO

（5）单击"生成应用程序"，完成后即可在 myRIO 目标下看到生成的应用程序 My Real-Time Application。右击该应用程序，选择 Set as startup，如图 1-39 所示。

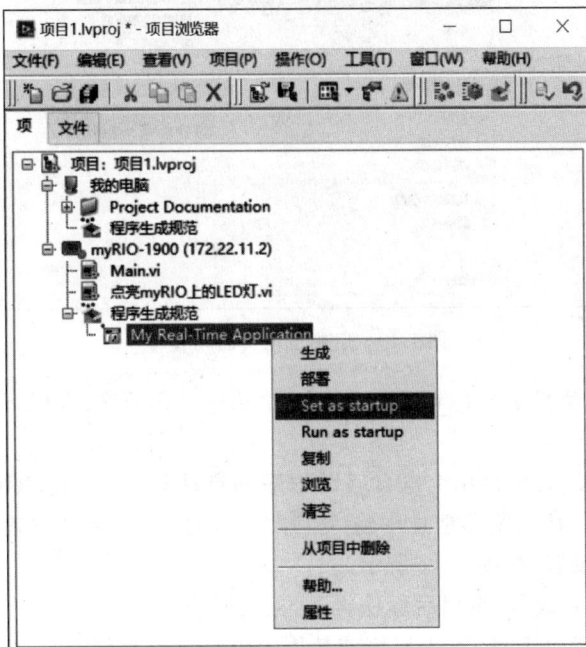

图 1-39 生成应用程序

Tips：右击应用程序，选择"浏览"，可在本地目录中查看目标文件 startup. rtexe 的具体位置。

（6）右击 myRIO 目标下生成的应用程序，选择"生成"将程序部署到实时操作系统上。用户可在浏览器中输入 172.22.11.2/files 查看部署到 myRIO 上的目标文件，具体路径为 http://172.22.11.2/files/home/lvuser/natinst/bin/。

1.4.3　启用/禁用上电自启动程序

（1）右击 myRIO 目标，选择"工具"→"重启"，重启 myRIO 后可看到部署在其上的上电自启动程序将开始自动运行。将来如果完全断电之后再上电，之前部署的程序也会自动运行，如图 1-40 所示。

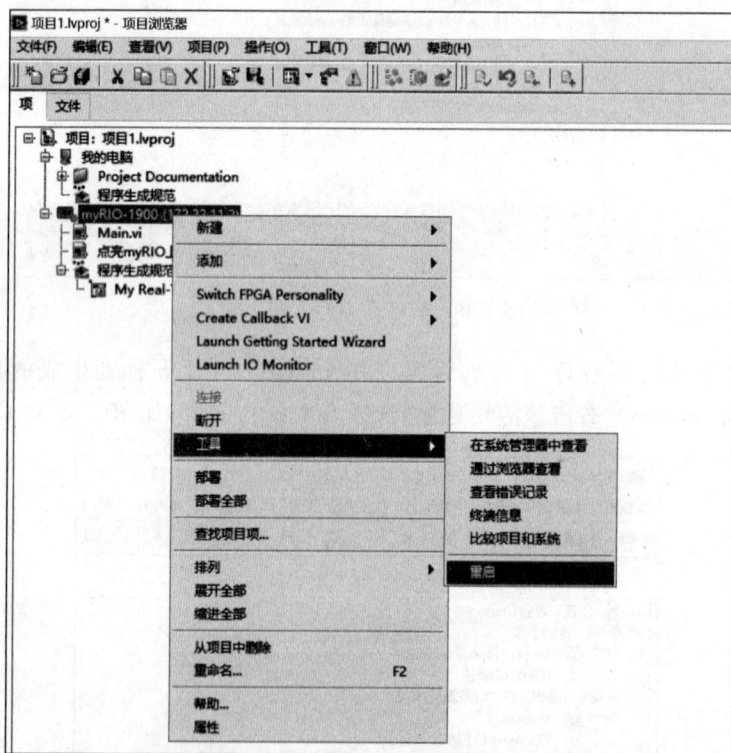

图 1-40　启用上电自启动程序

注意：上电自启动程序会在 myRIO 重启完，呈现红色的 STATUS 状态灯熄灭后 10～15s 开始自动运行。

（2）如果用户将来希望禁用上电自启动程序的自动运行，在 myRIO 使用 USB 线缆与计算机相连的情况下，在浏览器地址中输入 172.22.11.2。在启动设置中，勾选禁用 RT 启动应用程序，并保存设置，如图 1-41 所示。

（3）根据提示重启设备，重启后程序将不再自动运行。

（4）用户也可以在 NI MAX 中启用或禁用上电自启动程序。打开 NI MAX，在远程系统中选中 myRIO，在右侧系统设置选项卡中找到"启动设置"一栏，此时勾选掉"禁用 RT 启动应用程序"，重启设备又可恢复启用状态，如图 1-42 所示。

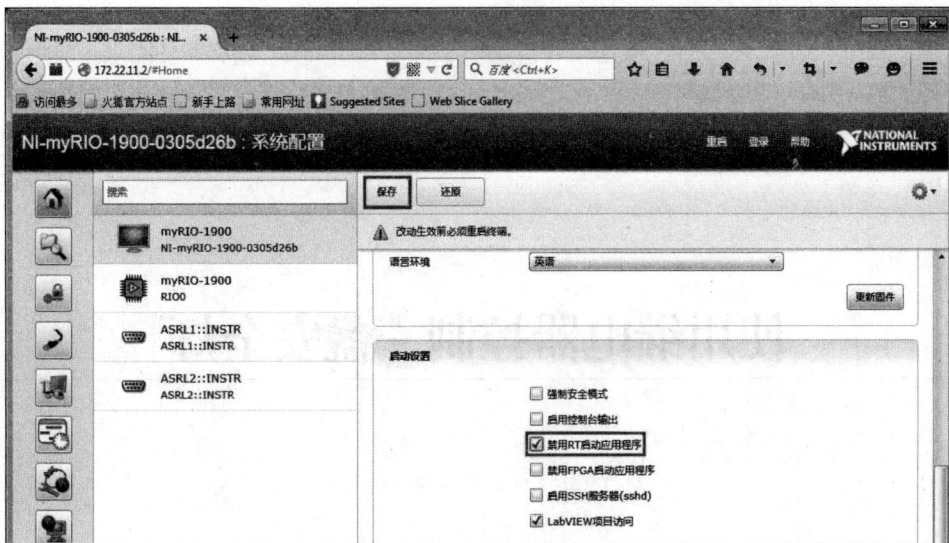

图 1-41 禁用上电启动程序

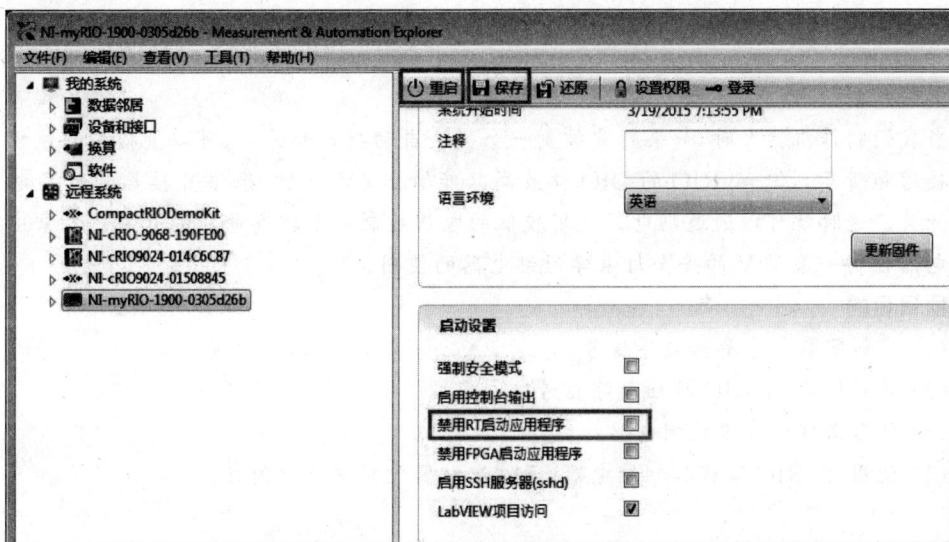

图 1-42 在 NI MAX 中启用或禁用上电自启动程序

根据以上介绍,用户可按照实际需求在 myRIO 上部署上电自启动程序,并加以运用。

第 2 章

使用继电器控制一盏安全灯

项目介绍

当我们制作机器人时,如果想要控制一个模块自动打开和关闭,可以直接控制该模块电源的接通和断开。但 myRIO 的 DIO 口最高只能输出 5V 电压,很难直接控制较高电压模块的开关。这时就可以通过继电器使用较低的电压控制一个较高电压的开关。本章中将使用继电器控制一盏 12V 的安全灯来学习继电器的使用。

项目目的

(1) 了解掌握数字量和数字信号;

(2) 学习使用 myRIO 输出数字信号;

(3) 学习搭建继电器控制电路;

(4) 使用 myRIO 编程控制继电器,通过继电器控制安全灯闪烁。

2.1 硬件材料及理论知识准备

2.1.1 硬件材料

使用继电器控制一盏安全灯,硬件材料如表 2-1 所示。

表 2-1 使用继电器控制一盏安全灯硬件材料

名　　称	数量	图　　片	备　　注
继电器模块	1		

续表

名　　称	数量	图　　片	备　　注
安全灯	1		
杜邦线	若干		
myRIO	1		

2.1.2 背景知识

1. 模拟量和模拟信号

模拟量是指变量在一定范围连续变化的量,在时间上和数值上都是连续的物理量称为模拟量。把表示模拟量的信号称为模拟信号,把工作在模拟信号下的电子电路称为模拟电路。

2. 数字量和数字信号

数字量是离散量,而不是连续变化量,只能取几个分立值。它们的变化在时间上是不连续的,总是发生在一系列离散的瞬间。同时,它们的数值大小和每次的增减变化都是某一个最小数量单位的整数倍,而小于这个最小数量单位的数值没有任何物理意义。这一类物理量叫作数字量。如二进制数字变量只能取两个值(0 和 1)。

数字信号就是用来表示数字量的信号。

模拟信号与数字信号波形,如图 2-1 所示。

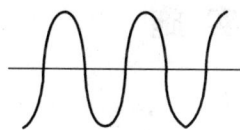

模拟信号波形图　　　　　　数字信号波形图

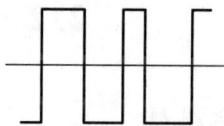

图 2-1　模拟信号与数字信号波形

例如,开关我们可以认为它是数字量,因为它的状态只有开和关,对应 1 和 0。

数字输入/输出(DI/DO)通常指数据采集板卡上的数字输入/输出口。由于数字口一般是双向口,既可以作为输入也可以作为输出,所以也称为 DIO(digital input/output)口,简称 I/O 口。

2.1.3 继电器模块

1. 继电器简介及工作原理

本节主要使用的控制对象是 5V 低压继电器模块。

继电器是一种电控制的开关器件,它用小电流(低电压)去控制一个大电流(高电压)。

继电器有一个接低压电源的输入回路和一个接高压电源的输出回路。输入回路中有一个电磁铁线圈。当输入回路有电流通过,电磁铁产生磁力,吸力使输出回路的触点接通,输出回路闭合,使之可导电。当输入回路无电流通过,电磁铁失去磁力,输出回路的触点弹回原位后断开,输出回路断电。

myRIO 数字端口的输出功率比较低,缺乏操控电机、灯和其他大电流设备所必需的驱动电流。而继电器使用功率相对较低。我们可以通过使用 myRIO 控制电磁线圈,控制要传输大电流的开关,从而弥合功率差距。

2. 继电器的用法

继电器根据不同的用途有不同的使用方法。一般需要选择信号触发端和输出控制。本项目信号触发端的选择如表 2-2 所示。

表 2-2 信号触发端的选择

输入信号	高电平触发	低电平触发
0		继电器工作,端口闭合
1	继电器工作,端口闭合	

本节选择低电平触发,如表 2-3 所示。

表 2-3 输出端控制的选择

输 出 端	常开端(接电源正极)	常闭端(接设备)
与公共端的状态	开路	闭合
当接收到电平信号时	闭合,设备通电工作	断开,设备断电不工作

本项目中我们选择常开端控制。

2.2 项 目 实 施

2.2.1 电路搭建

1. 电路原理图

继电器控制一盏安全灯电路原理图,如图 2-2 所示。

2. 接线图

继电器控制一盏安全灯接线图,如图 2-3 所示。

继电器引脚说明:V_{CC} 是电源正极,GND 是电源负极,IN 是通断信号的输入引脚。而另一边,NC 即常闭端(normal close),COM 即公共端,NO 即常开端(normal open)。

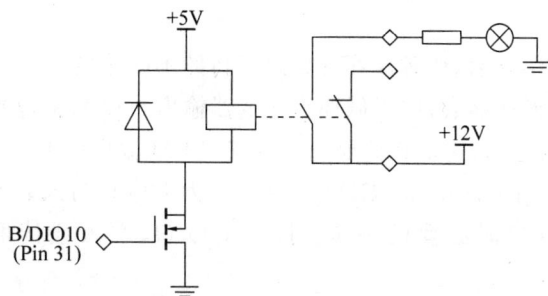

图 2-2 继电器控制一盏安全灯电路原理图

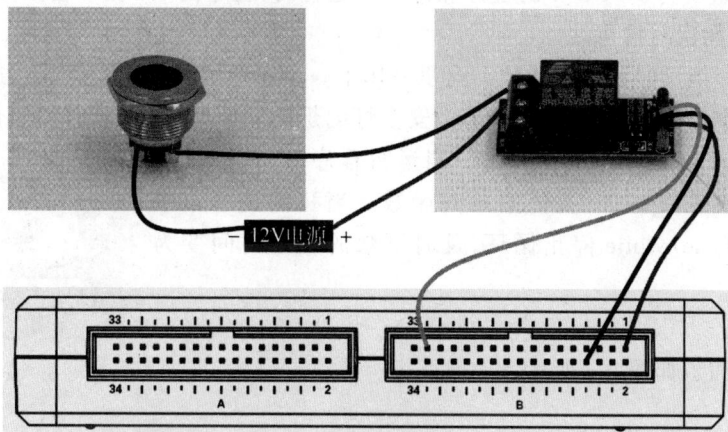

图 2-3 继电器控制一盏安全灯接线图

接线说明: V_{CC} 接到 myRIO+5V 处,GND 接到 myRIO DGND 引脚处,公共端 COM 接电源正极,常开端 NO 与安全灯串联后接到电源负极。

2.2.2 程序编写

1. 安全灯的程序

安全灯的程序编写,如图 2-4 所示。

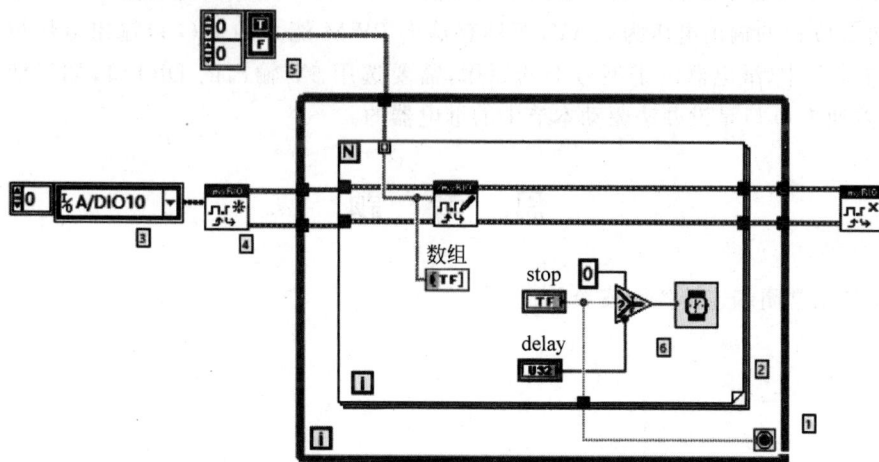

图 2-4 安全灯程序编写

2. 程序解析

(1) 建立一个 while 函数，使程序在开始之后持续不断运转。

(2) 建立一个 for 循环函数，用于循环为继电器输出 0 和 1(低电平和高电平)。

(3) 数字 I/O 口的选择，这里我们要选择具有 PWM 输出的 I/O 口。

(4) 三个方框分别用于打开 myRIO 的 I/O 口，为 I/O 口写入数据，关闭 I/O 口。这是在使用 myRIO 的 I/O 口时必要的一步：打开 I/O 口，写入或读取、关闭，这样才能使myRIO 正常运行。

(5) 建立一个二维布尔数组，T 代表 True，即输出 1 高电平；F 代表 False，即输出 0 低电平。这个数组要与写入 I/O 的程序相连。在运行时，程序的 for 循环会按照数组的顺序，奇次时输入 1，偶次时输入 0。

(6) 这是一组延时和停止函数。这里采用了一个选择函数和延时函数。选择函数 T 为0，S 为前面板中停止按钮的布尔，F 值为安全灯闪烁的间隔时间，即延时值。停止布尔同时和外部 while 函数的循环条件相连。当运行程序时，该布尔为False，选择函数返回 delay 数值给延时函数。当我们按下布尔时，布尔变为 True，while 停止循环，延时函数的延时时间变为0，程序终止。

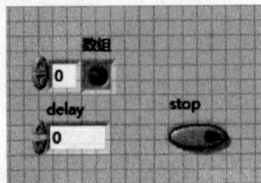

图 2-5　安全灯前面板

3. 前面板

安全灯前面板如图 2-5 所示。

2.2.3　运行调试

(1) 准备好硬件材料，按接线图搭建好电路。

(2) 编写程序，运行程序。

(3) 当继电器能成功运行后，尝试修改不同的延时时间。

(4) 观察实验现象，记录并思考。

2.2.4　知识延伸

myRIO 中普通 I/O 口和具有输出 PWM 能力的 I/O 口的输出电压是不一样的。

普通 I/O 口的输出电压为 3.3V，而具有输出 PWM 能力的 I/O 口输出电压可以达到5V。如在本节中，继电器由于型号上的原因，需要选用 5V 输出的 DIO 口，如果使用输出3.3V 的普通 I/O 口是没办法驱动本节中的继电器的。

思 考 题

尝试使用常闭端连接控制安全灯。

第 3 章

控制流水灯

项目介绍

通过 LabVIEW 编程,使用 myRIO 控制 8 个 LED 按顺序开灭。

项目目的

(1) 了解 LED 的基本原理以及控制电路的连接方式等;

(2) 掌握 LabVIEW 的基本编程思想和相关控件、循环结构的进一步应用;

(3) 掌握 NI myRIO 进行数字量操作电路的方法。

3.1　硬件材料及理论知识准备

3.1.1　硬件材料

流水灯硬件材料如表 3-1 所示。

表 3-1　流水灯硬件材料

名　称	数量	图　片	备　注
myRIO	1	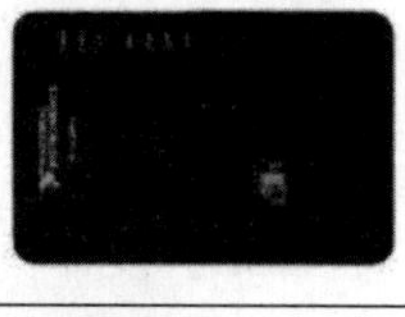	
LED	8	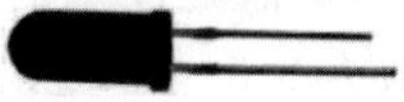	

续表

名　称	数量	图　片	备　注
电阻	8		1kΩ
面包板	1		
杜邦线	若干		

3.1.2　背景知识

1. LED

LED(light emitting diode)即发光二极管,是一种能够将电能转化为可见光的固态半导体器件,它可以直接把电转化为光。LED 的核心是一个半导体晶片,晶片的一端附在一个支架上,一端是负极,另一端连接电源的正极,使整个晶片被环氧树脂封装起来。LED 可以直接发出红、黄、蓝、绿、青、橙、紫、白色的光。只要让 LED 两端分别接地与电源,满足二极管的导向,即可点亮 LED 灯。

2. DIO 口

DIO 口即 digital input/output 的缩写,是单片机数字量输入/输出的端口。数字量端口只能输入/输出数字量,即 0 或 1,或者是低电平和高电平。现在的单片机一般端口有多种功能,而且可以重复定义,所以通常称为 GPIO(general purpose I/O)。像直接控制外部开关就用数字量输出,输入外部按键信号就用数字量输入。另外,其他通信端口如串口 UART 等也属于 DIO。除了数字量端口还有模拟量输入/输出端口,A/D 口就是模拟量输入,一般输入电压范围 $0 \sim V_{REF}$,D/A 口模拟量输出,输出范围一般也是 $0 \sim V_{REF}$。

通过该项目需要掌握 LabVIEW 的 while 循环结构、for 循环结构等。

3.2　项 目 实 施

3.2.1　电路搭建

1. 电路原理图

流水灯电路原理图如图 3-1 所示,接线图如图 3-2 所示。

NI myRIO 的一个 I/O 口分别控制一个 LED。设计一个电路之前,一定要了解电路中元件的参数,譬如其工作电压、工作电流等。需要注意的是,由于 myRIO 输出的电压为 5V,该项目中用到的 LED 的工作电压一般为 1.5～2.0V,工作电流一般为 10～20mA,反向击穿电压为 5V。因此,在连线时注意要在 LED 之前串联电阻。

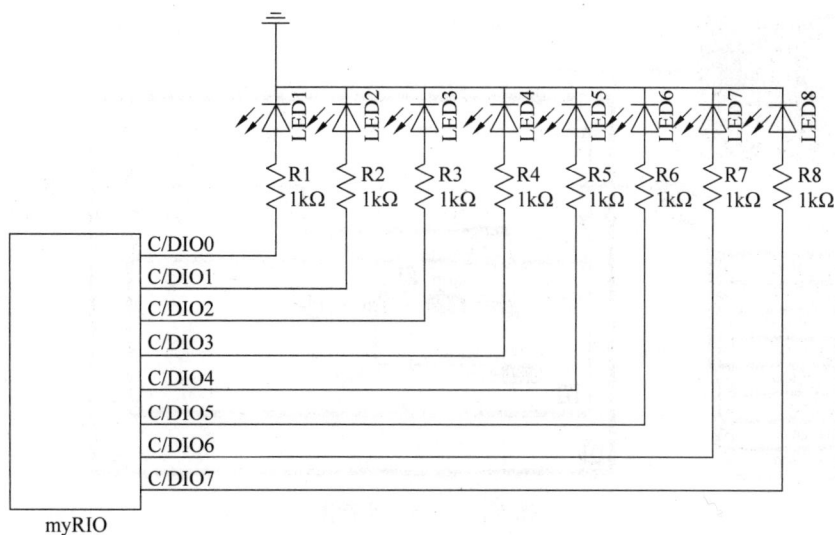

图 3-1　流水灯 LED 原理图

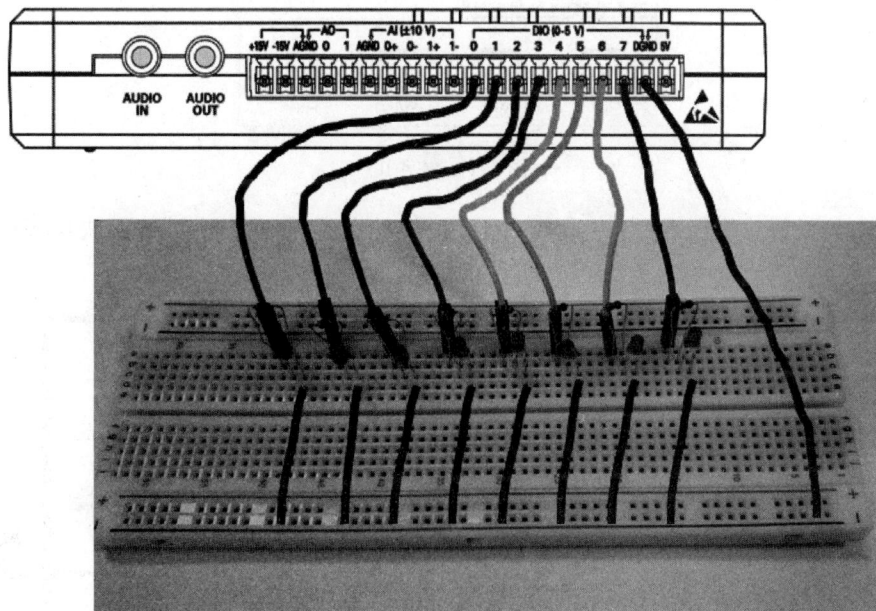

图 3-2　流水灯接线图

　　LED 两个针脚一长一短，长的连接正极，短的连接 GND。通过面包板把每个电子器件连接好以后，打开 LabVIEW 连接 myRIO，执行写好的程序。

3.2.2　程序编写

　　流水灯的程序如图 3-3 所示。

　　数字 I/O 的使用和模拟输入输出是一样的，都是打开，读取或写入，最后关闭。不同的数据变量不同，数字 I/O 输出或读取的是高、低电平两种状态，如图 3-4 所示。

　　这里我们用的是底层函数编写。由于是输出高、低电平，因此不必用到 Read 控件。使

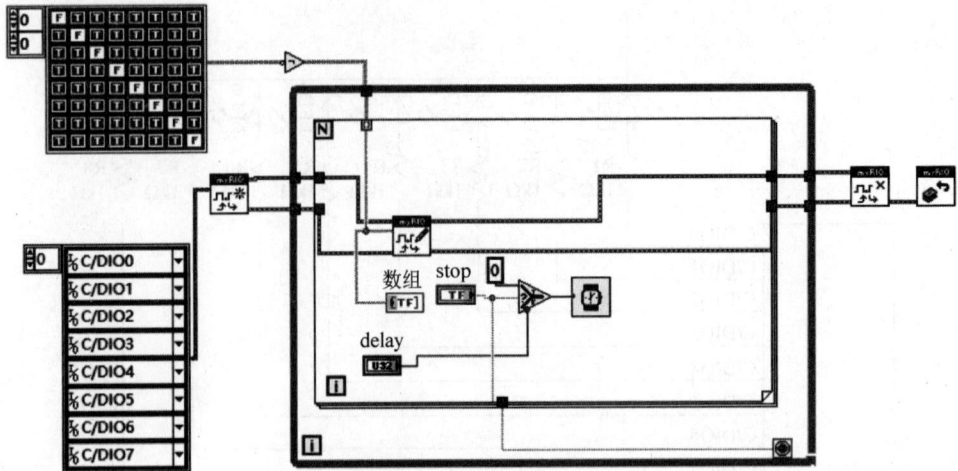

图 3-3　流水灯程序图

图 3-4　数字 IO

用 myRIO 的任何功能都要用到 Open 和 Close 控件。同样，我们也可以用快速 VI 编写程序，如图 3-5 所示。

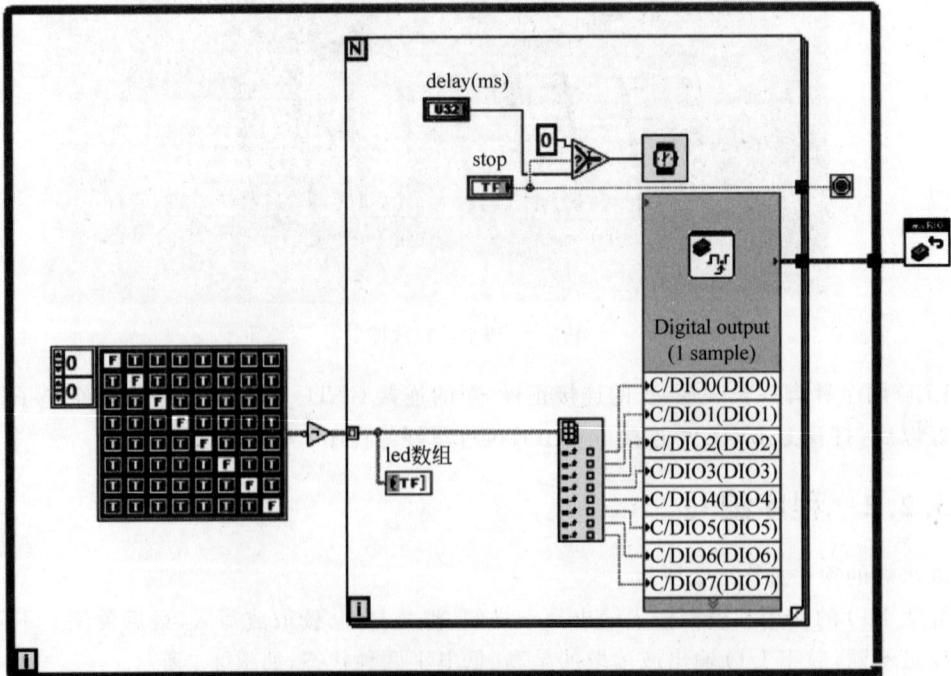

图 3-5　快速 VI 编写的程序

运行过程中前面板如图 3-6 所示。

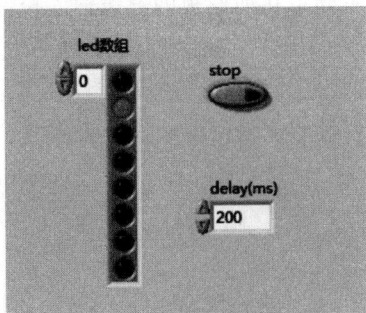

图 3-6　前面板

我们可以根据不同需求更改 LED 流水闪烁的频率,直接在图 3-6 的数值输入控件更改数据即可。

3.2.3　运行调试

接下来我们就以快速 VI 的程序为例(图 3-7),解析该程序。

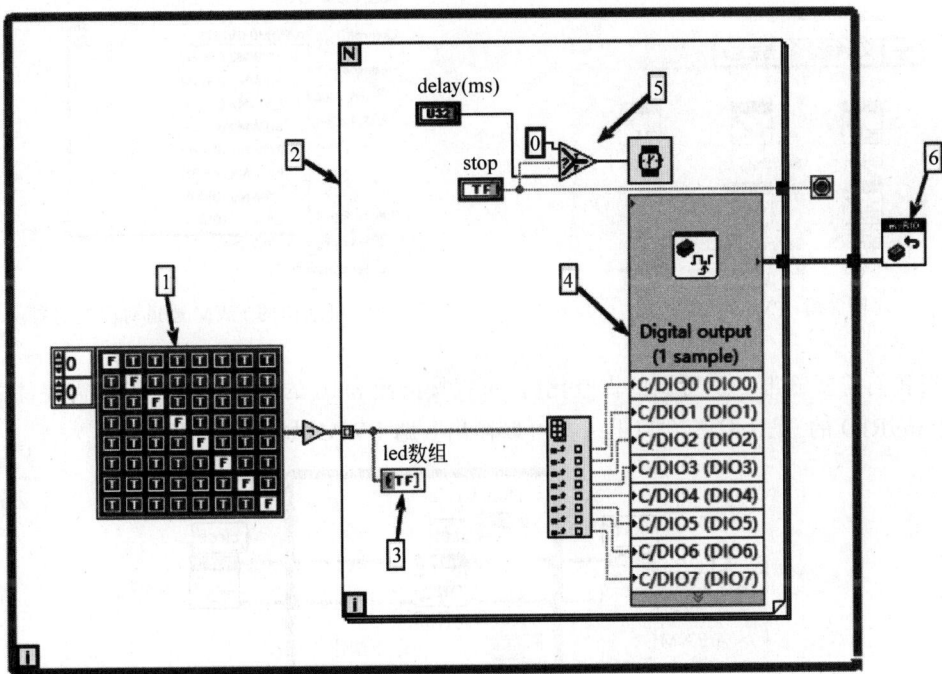

图 3-7　解析程序

(1) 通过二维数组常量设置每个通道的高低电平信号,这里我们使用的是高电平点亮。

(2) 利用 for 循环的自动索引实现每个状态的循环,从而实现流水灯的功能。

(3) 使用布尔数组,在计算机上模拟 LED 的点亮。

（4）写入 myRIO 的 DIO 口，实现流水灯。

（5）延时操作。根据需求不同可在前面板的数值输入控件处输入不同的延时时间。如果不设置延时，将导致变化过快，LED 全亮。同时处理停止程序，使停止响应能够及时反应。

（6）重置 myRIO，一个流程过后能复位继续执行程序。

3.2.4 知识延伸

1. 脉冲宽度调制

脉冲宽度调制（PWM）即 pulse width modulation 的缩写，简称脉宽调制。通过对一系列脉冲的宽度进行调制，来等效地获得所需要波形，输出占空比可变的脉冲。在电机驱动中，PWM 的改变可以让电机驱动输出有效值不同的电压，从而控制电机转速。

回到 LabVIEW 的函数选板上，如图 3-8 所示，在底层函数上，依次有打开通道，关闭引用，设置占空比和频率。可使用的 PWM 通道对应的引脚，如图 3-9 所示。这里需要了解占空比的定义，占空比是指高电平在一个周期之内所占的时间比率。假设占空比为 0.5，则说明高电平所占时间为 0.5 个周期。

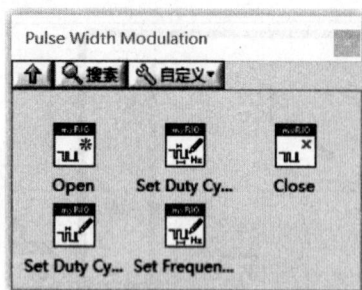

图 3-8　PWM 函数选板

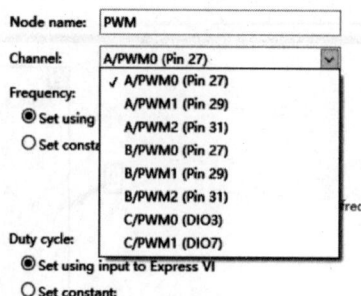

图 3-9　可使用的 PWM 通道对应的引脚

当我们需要输出一个可调的占空比时，可以按照图 3-10 的模板进行扩充。需要注意的是，在 myRIO 的 A、B、C 三个口上一共可以输出 8 路 PWM，如图 3-10 所示。

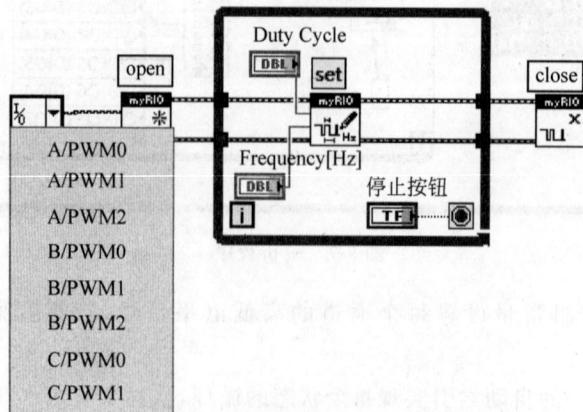

图 3-10　PWM 输出程序

以上程序只能输出一路 PWM。当我们需要输出多路 PWM 时，可以把通道捆绑成数组，再利用 for 循环的自动索引，如图 3-11 所示。

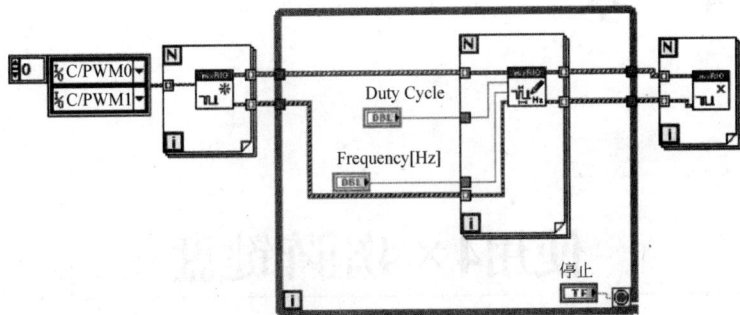

图 3-11 PWM 多路输出程序

2. 一位共阳数码管

数码管是一种半导体发光器件，其基本单元是发光二极管，如图 3-12 所示。数码管按其段数可以分为七段数码管和八段数码管，八段数码管比七段数码管多一个小数点（DP）。按发光二极管单元连接方式可分成共阳极数码管和共阴极数码管。本项目中我们采用共阳八段数码管。

共阳极数码管的阳极都接在了＋5V，即阳极都接了高电平。而数码管上二极管的发光原理与 LED 是一样的，所以当我们把该段二极管的另一端（a，b，c，d，e，f，g，DP）接在低电平上，该段二极管就会发亮，接在高电平即不会发亮。

图 3-13 所示的程序为手动控制数码管，在前面板的布尔数组上改变八个布尔的状态即可显示不同的数字。

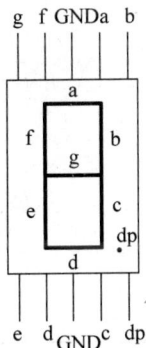

图 3-12 管脚图

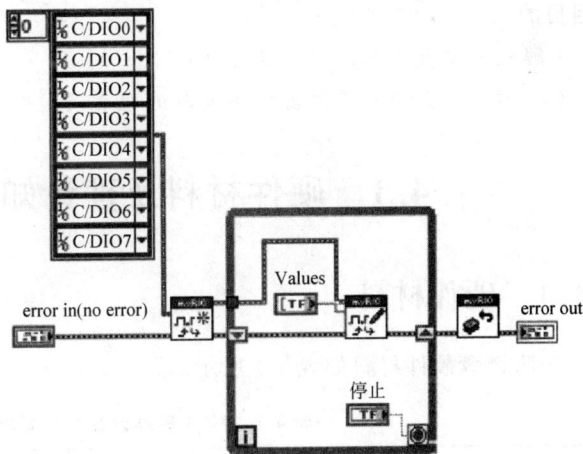

图 3-13 数码管程序图

思 考 题

（1）尝试反向点亮流水灯并更改闪烁的频率。

（2）尝试让数码管自己不断地从 0 至 9 自动显示。

第 4 章

使用4×4矩阵键盘

项目介绍

键盘的使用已经融入我们的日常生活,但是键盘的工作原理又是什么呢？根据正常的情况,一个按键需要占用一个 I/O 口,但是对于计算器和计算机这类需要用到大量按键的键盘,I/O 口是明显不够用的,这时就要用到矩阵键盘了。

项目目的

(1) 了解矩阵键盘的基本组成及原理；

(2) 掌握学习板上的矩阵键盘模块电路的组成及控制。

4.1 硬件材料及理论知识准备

4.1.1 硬件材料

4×4 矩阵键盘硬件材料如表 4-1 所示。

表 4-1 4×4 矩阵键盘硬件材料

名　　称	数量	图　　片	备　　注
myRIO 传感器学习板	1	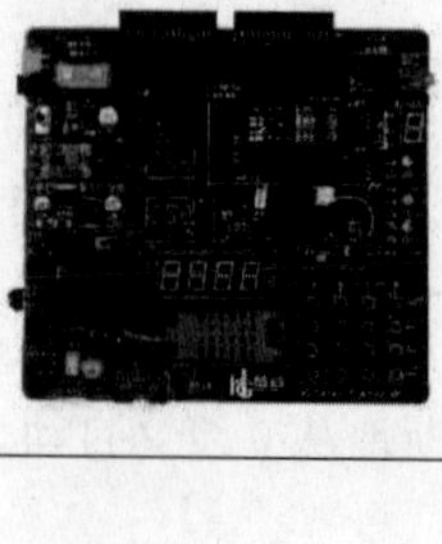	

名　　称	数量	图　　片	备　　注
myRIO-1900	1		

4.1.2 背景知识

矩阵键盘是外部设备中所使用的排布类似于矩阵的键盘组。在键盘中按键数量较多时，为了减少 I/O 口的占用，通常将按键排列成矩阵形式。在矩阵式键盘中，每条水平线和垂直线在交叉处不直接连通，而是通过一个按键加以连接。这样，一个端口就可以构成更多按键。我们学习板上的矩阵键盘采用的是 4×4 矩阵键盘，由 16 个按键组成，有 4 条行线，4 条列线。

由此可见，在需要的按键数量比较多时，采用矩阵法来设计键盘是合理的。

4.2 项目实施

4.2.1 电路搭建

4×4 矩阵键盘电路如图 4-1 所示；myRIO 与学习板连接如图 4-2 所示。

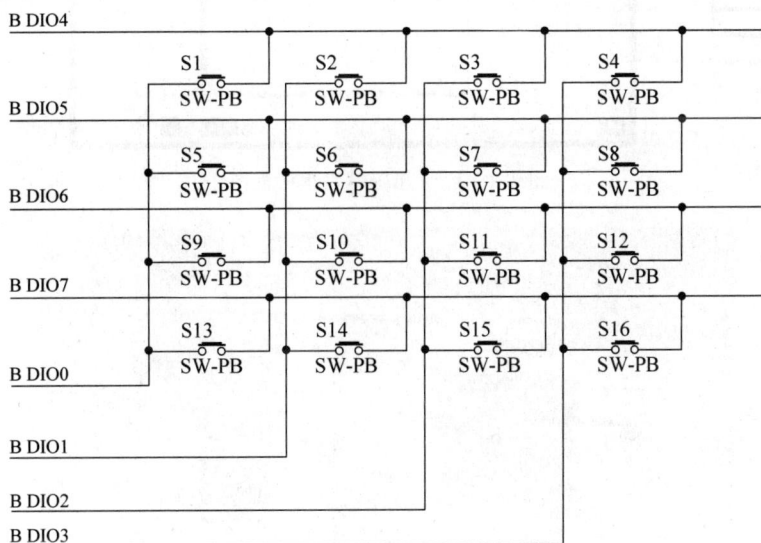

图 4-1　学习板上的矩阵键盘电路图

图 4-2 myRIO 与学习板连接

4.2.2 程序编写

4×4 矩阵键盘的程序如图 4-3 所示；4×4 矩阵键盘前面板如图 4-4 所示。

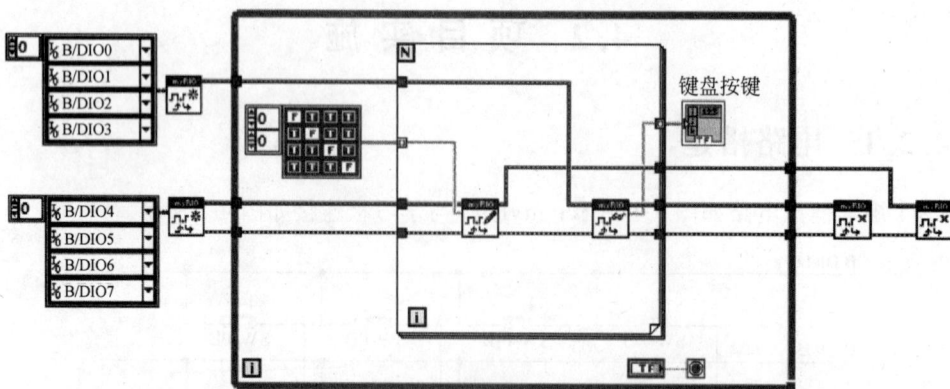

图 4-3 4×4 矩阵键盘程序框图

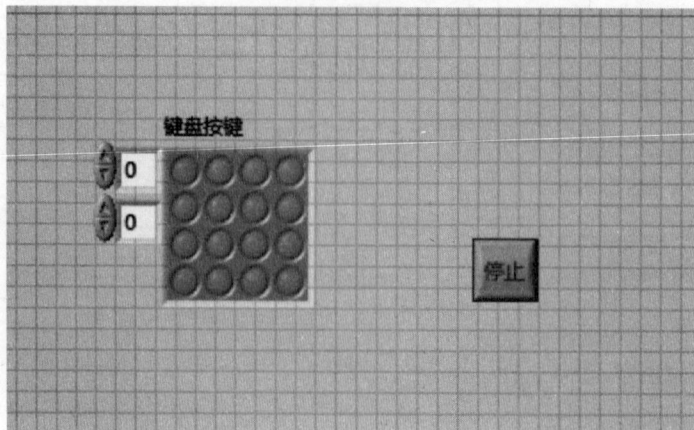

图 4-4 4×4 矩阵键盘前面板

程序解析

此次编程使用 LabVIEW 的 Digital i/o1 Sample 底层函数来编写,在程序框图界面右击 myRIO→Default→Low Level,如图 4-5 所示。

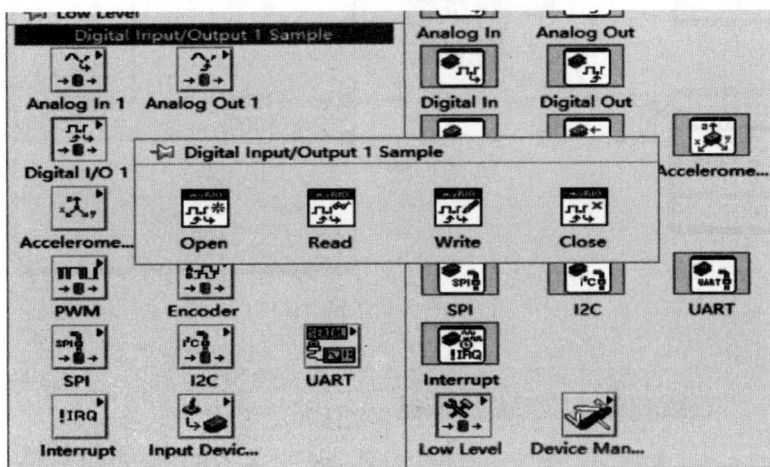

图 4-5　编程

myRIO 中的 open 函数打开的 I/O 通道用一个数组来表示,数组中的 I/O 口的顺序对应以后操作(写入和读取)的布尔数组。先放好一个 B/DIO0~B/DIO3 的 read 函数和一个 B/DIO4~B/DIO7 的 write 函数,如图 4-6 所示。

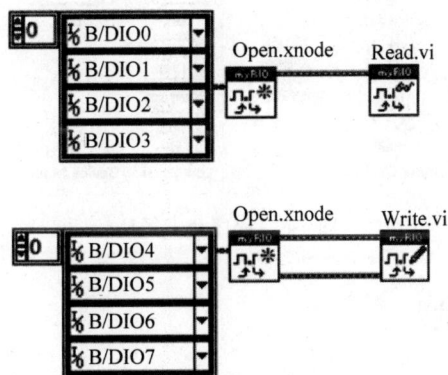

图 4-6　写入和读取数组

需要先对四行引脚进行逐行输出低电平,对四列引脚检测电平情况。操作顺序为:对一行输出低电平→对四列检测→对下一行输出低电平→对四列检测,故可用 for 循环加数组自动索引来对四行依次输出低电平,并在每个循环中检测四列电平情况,将每次检测到的四个元素的数组自动索引,成为一个 4×4 的二维数组,与键盘对应,如图 4-7 所示。

最后为程序套上一个 while 循环,以实时读取按键的情况,并添加停止条件。同时,myRIO 的连接和关闭环节依旧要在循环外侧,如图 4-8 所示。

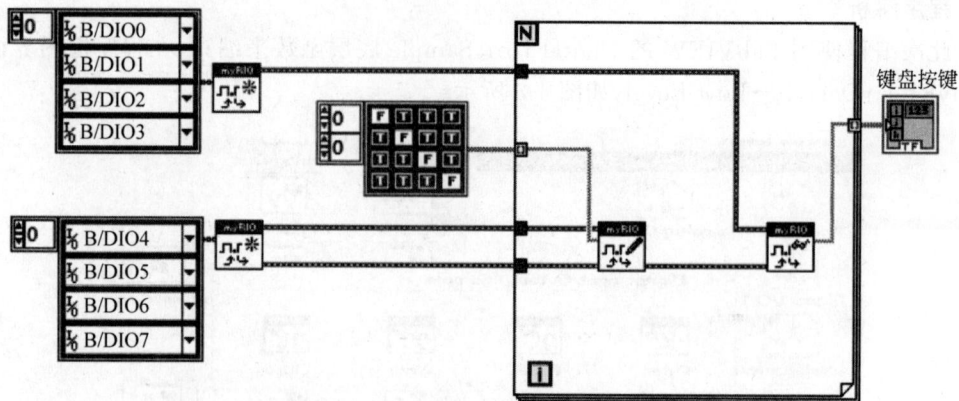

图 4-7 对四行依次输出低电平

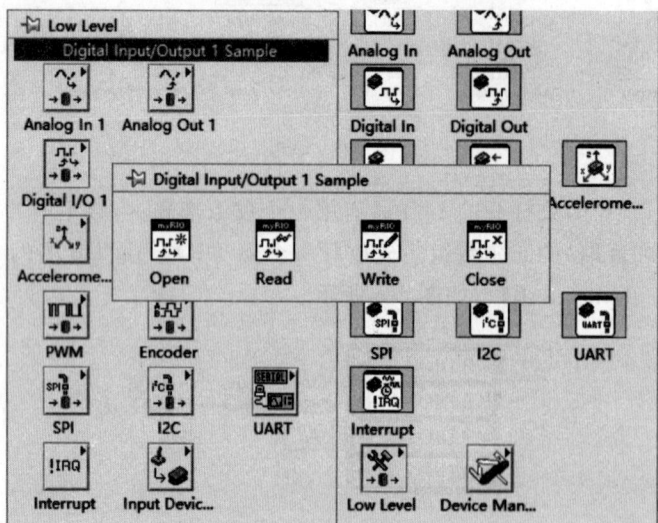

图 4-8 程序套上循环

4.2.3 运行调试

运行程序,在前面板可以看到一个 4×4 为 True 的布尔数组,当在学习板上按下一个键时,对应的位置布尔会变为 False。

4.2.4 知识延伸

计算机键盘工作原理如下。

键盘是由一组排列成矩阵方式的按键开关组成的,通常有编码键盘和非编码键盘两种类型,IBM 系列个人微型计算机的键盘属于非编码类型。微机键盘主要由单机、译码器和键开关矩阵三大部分组成。其中,单片机采用了 Intel8048 单片微处理器控制,这是一个 40 引脚的芯片,内部集成了 8 位 CPU、1024×8 位的 ROM、64×8 位的 RAM、8 位的定时器/计数器等器件。由于键盘排列成矩阵格式,被按键的识别和行列位置扫描码的产生是由键盘内部的单片机通过译码器来实现的。单片机在周期性扫描行、列的同时,读回扫描信号线结果,判断是否有键按下,并计算按键的位置以获得扫描码。当有键按下时,键盘分两次将位置扫描码发送到键盘接口,按下一次,称为接通扫描码;释放时再发一次,称为断开扫描码。因此可以用硬件或软件的方法对键盘的行、列分别进行扫视,去查找按下的键,输出扫描位置码,通过查表转换为 ASCII 码返回。

键盘是与主机箱分开的一个独立装置,通过一根 5 芯电缆与主机箱连接,系统主板上的键盘接口按照键盘代码串行传送的应答约定,接收键盘发送来的扫描码;键盘在扫描过程中,7 位计数器循环计数。当高 5 位(D6～D2)状态为全 0 时,经译码器在 0 列线上输出一个 0,其余均为 1;而计数器的低二位(D1,D0)通过 4 选 1 多路选择器控制 0～3 行的扫描。计数器计一个数则扫描一行,计 4 个数全部行线扫描一遍,同时由计数器内部向 D2 进位,使另一列线 1 变低,行线再扫描一遍。只要没有键按下,多路选择器就一直输出高电平,则时钟一直使计数器循环计数,对键盘轮番扫描。当有一个键被按下时,若扫描到该键所在的行和列时,多路选择器就会输出一个低电平去封锁时钟门,使计数器停止计数。这时计数器输出的数据就是被按键的位置码(即扫描码)。8048 利用程序读取这个键码后,在最高位添上一个 0,组成一个字节的数据,然后从 P22 引脚以串行方式输出。在 8048 检测到键按下后,还要继续对键盘扫描检测,以发现该键是否释放。当检测到释放时,8048 在刚才读出的 7 位位置码的前面(最高位)加上一个 1,作为"释放扫描码",也从 P22 引脚串行送出去,以便和"按下扫描码"相区别。送出"释放扫描码"的目的是为识别组合键和上、下挡键提供条件。

同时,主机还向键盘发送控制信号,主机 CPU 响应键盘中断请求时,通过外围接口芯片 8255A-5 的 PA 口读取键盘扫描码并进行相应转换处理和暂存;通过 PB 口的 PB6 和 PB7 来控制键盘接口工作。

思 考 题

尝试逐行扫描矩阵键盘。

第 5 章

使用红外测距传感器测试距离

项目介绍

　　在机器人的精准控制中,很多地方会运用到测试距离的功能。比如小车智能避障,它需要测出自身与障碍的距离,才能躲避开障碍物。测距的方法有很多,比如红外测距、超声波测距等。本项目将学习使用红外测距传感器读取数据,并在 myRIO 上进行数据处理,得出实际距离。

项目目的

(1) 了解掌握模拟量和模拟信号;

(2) 学习使用模拟 I/O 口读取传感器的模拟信号;

(3) 学习在 myRIO 上处理读取到的模拟数据;

(4) 使用 myRIO 读取红外测距传感器的数据,并进行数据处理。

5.1　硬件材料及理论知识准备

5.1.1　硬件材料

使用红外测距传感器测试距离硬件材料如表 5-1 所示。

表 5-1　使用红外测距传感器测试距离硬件材料

名　称	数量	图　片	备　注
红外测距模块	1		型号：GP2Y0A21YK0F

名　称	数量	图　片	备　注
myRIO	1		
杜邦线	1		
白纸	1		

5.1.2　背景知识

1. 模拟量和模拟信号

模拟量是指变量或者数据在一定范围变化连续的量,也就是在一定范围(定义域)内可以取任意值(在值域内),在数学上可以理解为函数的连续性。

自然界中的物理量几乎都是模拟量,例如温度、距离、电压、电流等,这些变量都是连续变化的。模拟信号就是用来表示模拟量的信号。模拟电路是指工作在模拟信号下的电子电路。

例如,热电偶在工作时输出的电压信号就属于模拟信号。因为在任何情况下被测温度都不会发生突变,所以测得的电压信号无论在时间上还是在数量上都是连续的。而且,这个电压信号在连续变化过程中的任何一个取值都有具体的物理意义,即表示一个相应的温度。

模拟输入/输出(AI/AO)通常是指数据采集板卡上的模拟输入或者输出接口,模拟口输入或者输出的电压(或电流)是可以连续变化的,对应模拟量的输入以及输出。

2. 红外测距模块(GP2Y0A21YK0F)

1) 简介

红外测距模块如图 5-1 所示。以夏普 GP2Y0A21 型距离测量传感器为例,它是基于 PSD 的微距传感器,其有效的测量距离在 80cm 以内,有效的测量角度大于 40°,输出的信号为模拟电压。

输出电压在 0~8cm 的范围内与距离成正比非线性关系,在 10~80cm 的距离范围内成反比非线性关系。平均功耗约为 30mW,反应时间约为 5ms,并且对背景光及温度的适应性较强。由于输出的信号为模拟电压的形式,且价格低廉,因此工程测量等方面有很多值得挖掘利用的实用前景。

图 5-1　红外测距模块

2）校准传感器

由于传感器受光线影响较大，且不同批次的传感器性能也不尽相同，为了使传感器能更精准地测量出距离，在测距之前需要进行校准。

示例：首先我们需要找到详细的 GP2Y0A21 输出信号与距离之间的关系。根据传感器本身的特性，在 0～8cm 的范围内与距离成正比非线性关系，在 10～80cm 的距离范围内成反比非线性关系，确定在 0～8cm 和 10～80cm 两部分分别测量。得到测量结果后，可以画出图表，如图 5-2 所示。

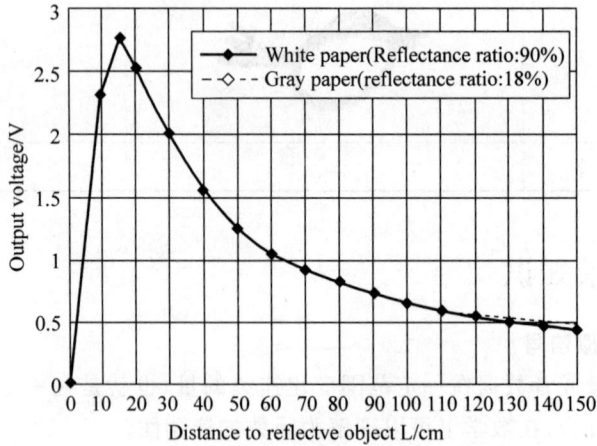

图 5-2　模拟电压量与距离的关系

分析图表，可知在 0～6cm 范围曲线较陡，表明电压对距离的变化较为敏感；在 7～80cm 范围曲线较为平缓，成反比例函数。

根据图表计算可以得到，被测距离在不同范围时，可使用不同公式计算距离 h 与电压 v_0 之间的关系。

此图表不具有代表性，使用者在校准时需根据实际情况画出图表。

5.2　项目实施

5.2.1　电路搭建

1. 电路原理图

使用红外测距传感器测试距离，电路原理图如图 5-3 所示。

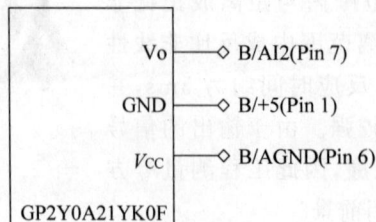

图 5-3　电路原理图

2. 接线图

使用红外测距传感器测试距离的接线图如图 5-4 所示。

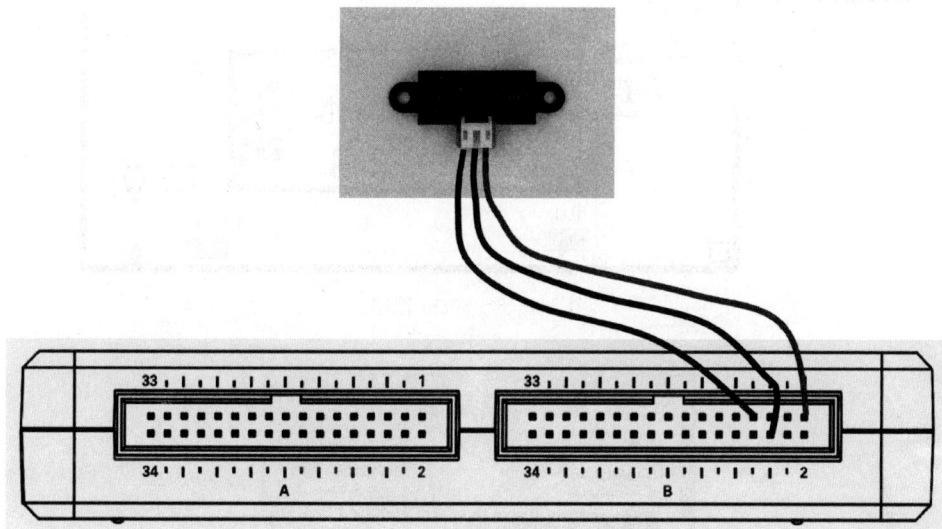

图 5-4　接线图

红外传感器的接线口由上往下分别为 v_0、GND 和 V_{CC}。

V_{CC} 接到 5V 电源口，GND 接同为地的 DGND，v_0 接在能接收模拟信号的 AO 口。

5.2.2　程序编写

1. 程序

使用红外测距传感器测试距离的程序如图 5-5 和图 5-6 所示。

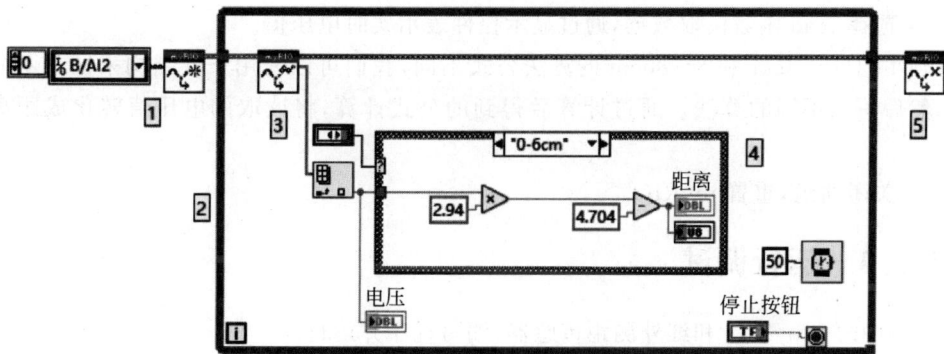

图 5-5　0～6cm 程序

2. 前面板

使用红外测距传感器测试距离前面板如图 5-7 所示。

3. 编程思路

我们需要编写一个模拟输入的程序来采集 B/AI2 引脚的信息，并通过一些算法和公式，将其转化为距离。

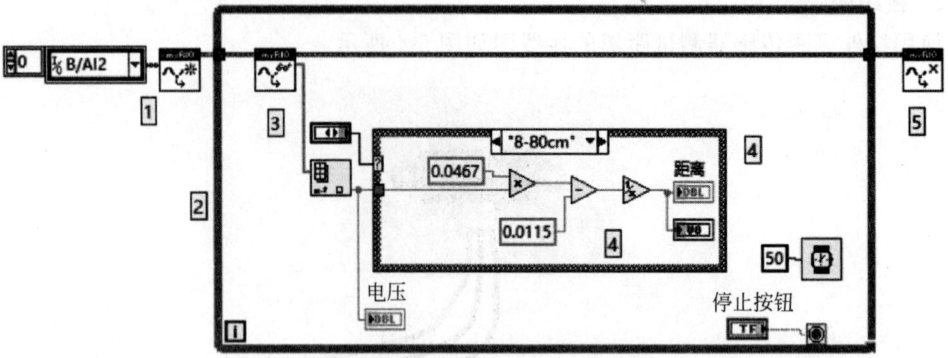

图 5-6　8～80cm 程序

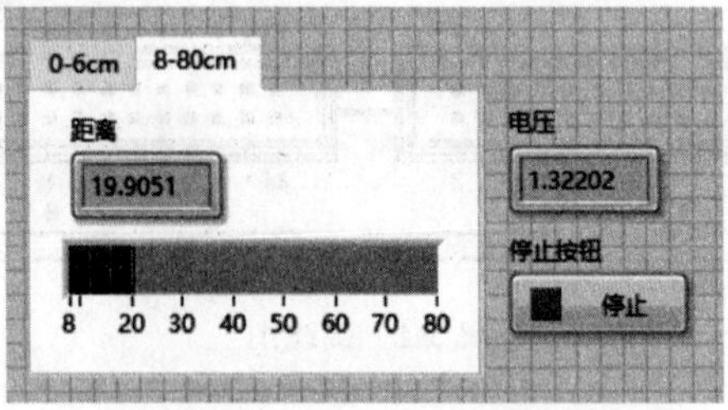

图 5-7　前面板

4. 程序解析

（1）在程序框图中放一个关于 myRIO 中 AI 模块的 Open，在图中可以看到有通道选择，这里我们选择 B/AI2 通道。

（2）由于数据的读取和处理过程需要持续进行，故我们还需要给程序加上一个 while 循环，让其持续运行，单击"停止"后则跳出程序，用 Close 将其关闭。

（3）选择 read 函数读取数据，通过显示控件表示实时电压值。

（4）由于 0～6cm 和 8～80cm 的算法公式不同，我们可以采用条件结构来区分不同的情况，然后写入不同的算法。通过计算后得到的公式计算，将读取的电压值转化成距离并输出。

（5）关闭通道，重置 myRIO。

5.2.3　运行调试

（1）连接好 myRIO 和红外测距传感器，编写程序并运行。

（2）校准传感器，用一个不透光的黑色物体遮挡红外测距模块，在 0～6cm 和 8～80cm 范围内移动，记录电压与距离的变化。

（3）将得到的数据用坐标图表示，得到电压与距离之间换算的函数关系，并将该函数写入程序中。

（4）使用传感器测量距离。

（5）观察实验结果进行数据整理，并思考。

5.2.4　知识延伸

测距的方法有很多,除了本节中测试红外传感器电压变化的方法之外,还有一种往返测距法。比如使用超声波传感器,通过发送超声波并测量超声波被反射回来的时间或相位来计算被测物体和测距模块之间的距离。第 6 章中我们将会学习超声波测距。

思　考　题

编程实现在 8~20cm 范围内移动遮挡物,将换算得到的距离数据以 cm 为单位显示在一位数码管上。

第 6 章

使用超声波测试距离

项目介绍

本章我们将通过 myRIO,利用常见的 HC-SR04 超声波模块实现测量距离功能。

项目目的

(1) 了解超声波测距的基本原理以及相关参数;

(2) 掌握使用 myRIO 上的信号处理函数;

(3) 学会使用 FPGA 编程控制 myRIO;

(4) 掌握读取超声波数据并处理的方法。

6.1 硬件材料及理论知识准备

6.1.1 硬件材料

myRIO 与超声波测距硬件材料如表 6-1 所示。

表 6-1 myRIO 与超声波测距硬件材料

名　　称	数量	图　　片	备　　注
myRIO	1		

续表

名　　称	数量	图　　片	备　　注
杜邦线	4		
超声波模块	1		

6.1.2　背景知识

1. FPGA

FPGA 的全称是现场可编程门阵列。FPGA 采用了逻辑单元阵列,内部包括可配置逻辑模块、输出输入/模块 IOB 和内部连线三个部分。FPGA 的逻辑是通过向内部静态存储单元加载编程数据来实现的,存储在存储器单元中的值决定了逻辑单元的逻辑功能以及各模块之间或模块与 I/O 间的连接方式,并最终决定了 FPGA 所能实现的功能,FPGA 允许无限次的编程。FPGA 的开发相对于传统 PC、单片机的开发有很大不同。FPGA 以并行运算为主,以硬件描述语言来实现。因此,只要我们编写对应 FPGA 程序,就能得到想要的硬件功能。

2. 超声波模块

HC-SR04 超声波模块是一种用于测距的模块。该模块性能稳定,测量距离精确,模块高精度、盲区小。该产品应用领域包括机器人避障、物体测距、液位检测、公共安防、停车场检测等。使用时从一个控制口发一个 $10\mu s$ 以上的高电平,就可以在接收口等待捕获高电平。捕获到高电平时就可以开定时器计时,计时器记录高电平的持续时间,此时就为此次测距的时间,加以计算方可算出距离。如此不断周期性测量,即可以得到移动测量的值。

6.2　项目实施

6.2.1　电路搭建

myRIO 与超声波测距,超声波模块连线图如图 6-1 所示。

模块的引脚名称及功能如下。

trig(控制端):用于输入起始电平($10\mu s$ 以上的高电平)。

echo(接收端):用于检测位于超声波传感器检测范围内的障碍物的距离。

在本项目中我们使用的是慧谷 myRIO 电机学习板上的超声波模块,因此只需用到 trig 引脚就可以了。HC-SR04 的探测距离为 $2\sim450cm$,精度可达 $0.2cm$。

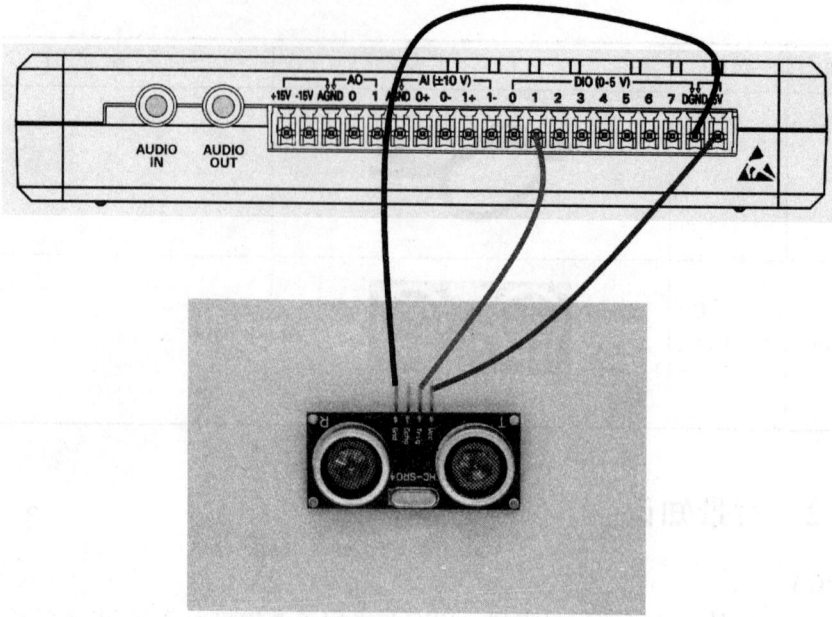

图 6-1　超声波模块连线图

6.2.2　程序编写

myRIO 与超声波测距,程序如图 6-2 所示。

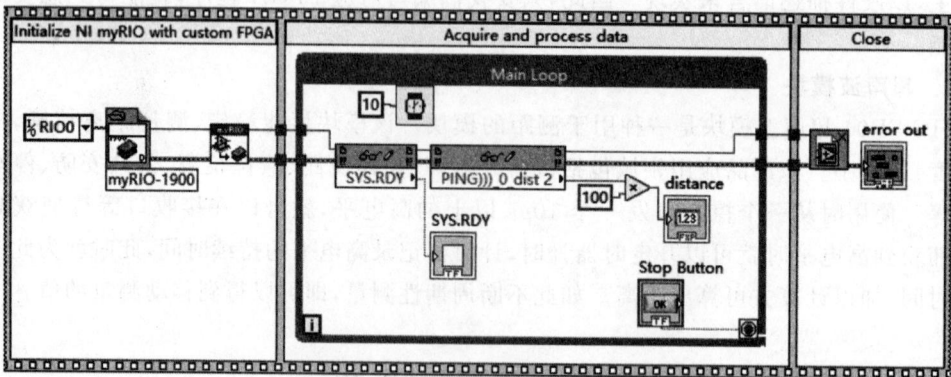

图 6-2　RTMain 超声波程序

该程序是基于 LabVIEW 新建的 myRIO Custom FPGA Project 中的 RTMain 函数进行编辑。我们在原程序的 while 循环中增加了读取/写入控件,用于引出 FPGA 函数中超声波模块的程序例程中所读取的距离。

6.2.3　运行调试

首先需创建 myRIO 的 FPGA 项目。myRIO FPGA 项目的创建基本和创建 myRIO 项目一样,只是需要在第二步选择 FPGA 模板,如图 6-3 和图 6-4 所示。

创建完 FPGA 项目后的项目浏览器,如图 6-5 所示。

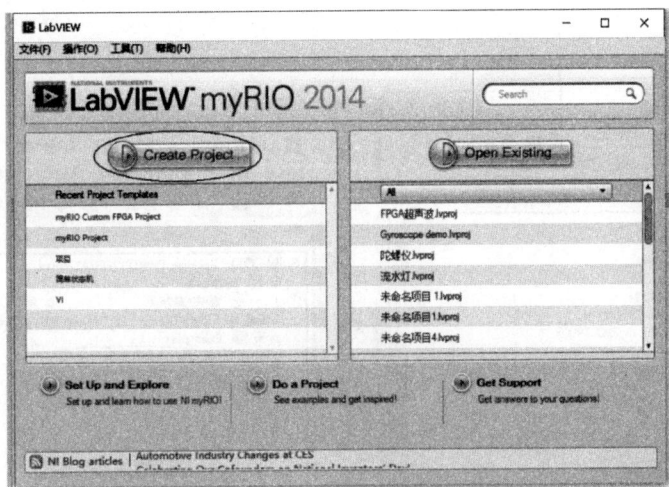

图 6-3 创建项目

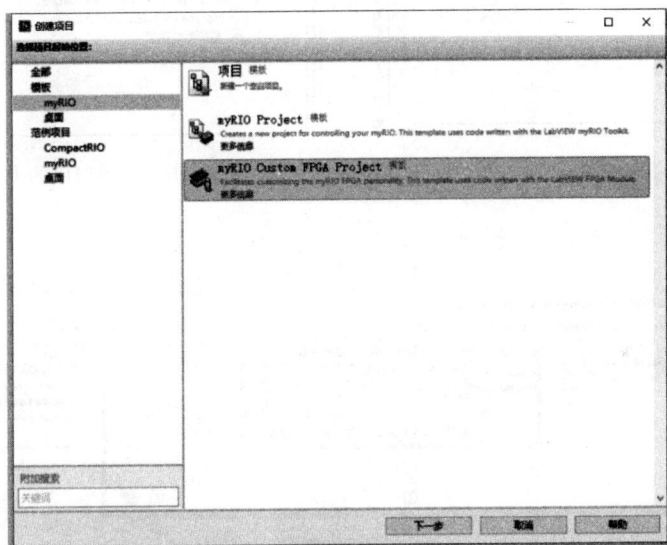

图 6-4 新建 FPGA 项目

可见与平常的 myRIO Project 不大相同。我们可以在 FPGA Target 右键新建 VI 进行 FPGA 编程。本项目可直接在 RTMain 上编程。

打开 FPGA Main Default.vi,把超声波模块的范例导入该程序中。范例可在 NI 范例查找器中搜索 Parallax PING))) (FPGA).lvproj 得到,如图 6-6 所示。

例程的项目浏览器如图 6-6 所示,找到 Parallax PING))) (FPGA).vi,双击打开,把程序拖到 FPGA Main Default.vi 中,如图 6-7 所示。

值得注意的是,我们不可以导入例程的程序后直接单击运行 ⏵ 进行编译,因为会出现引脚冲突的情况。

因此,在选择引脚的同时,还要注意 Main 程序的其他地方有没有使用到该引脚。若有,但此处功能并非必须,可以使用程序框图禁用结构将其禁用,如图 6-8 所示。例如,图 6-7 使用的是"C/DIO1"引脚,就需要在其他同样用到该引脚的地方使用程序框图禁用结构。

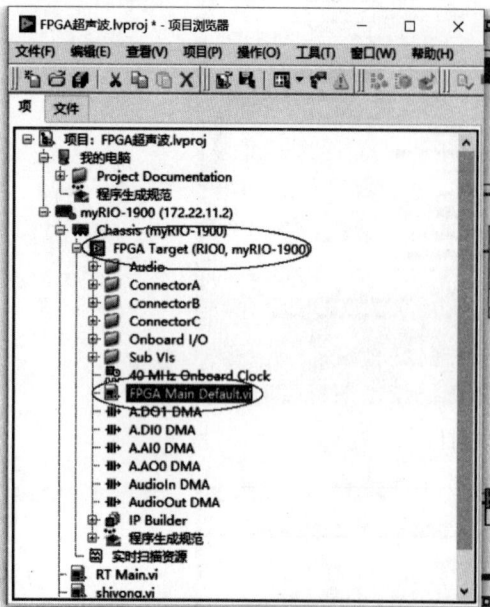

图 6-5　项目浏览器

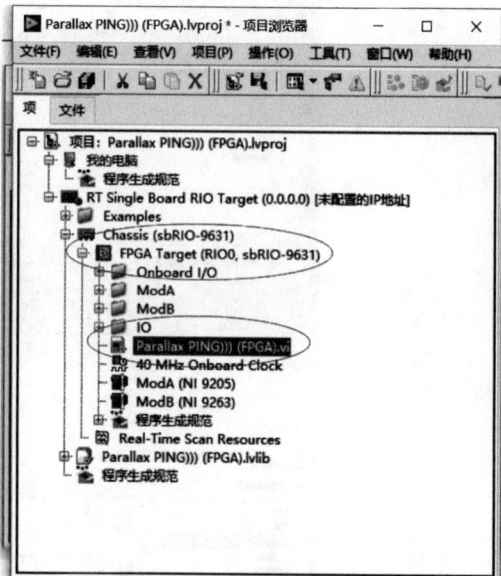

图 6-6　范例程序的项目浏览器

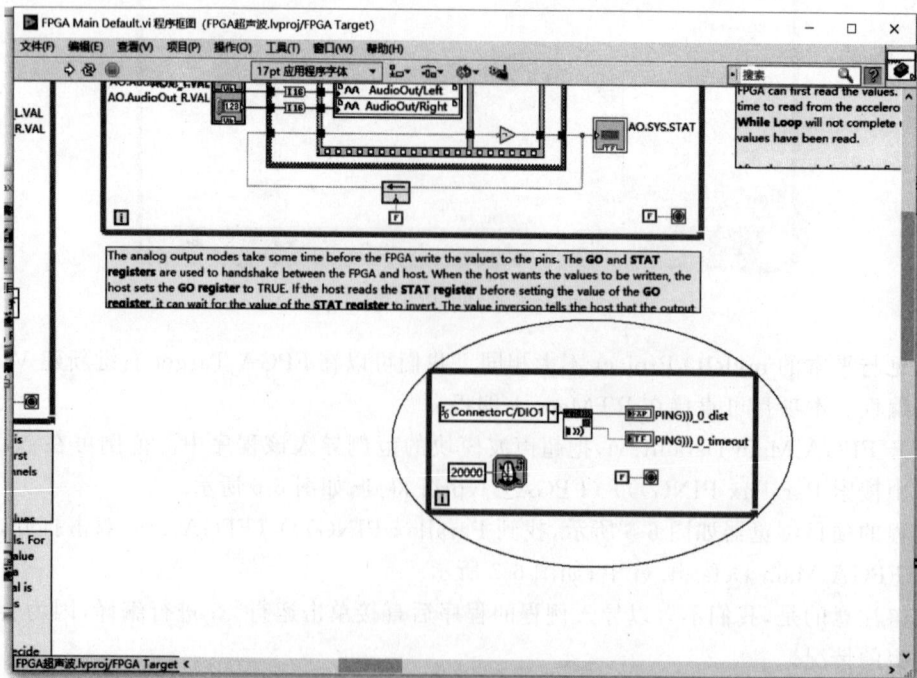

图 6-7　FPGA Main Default 程序

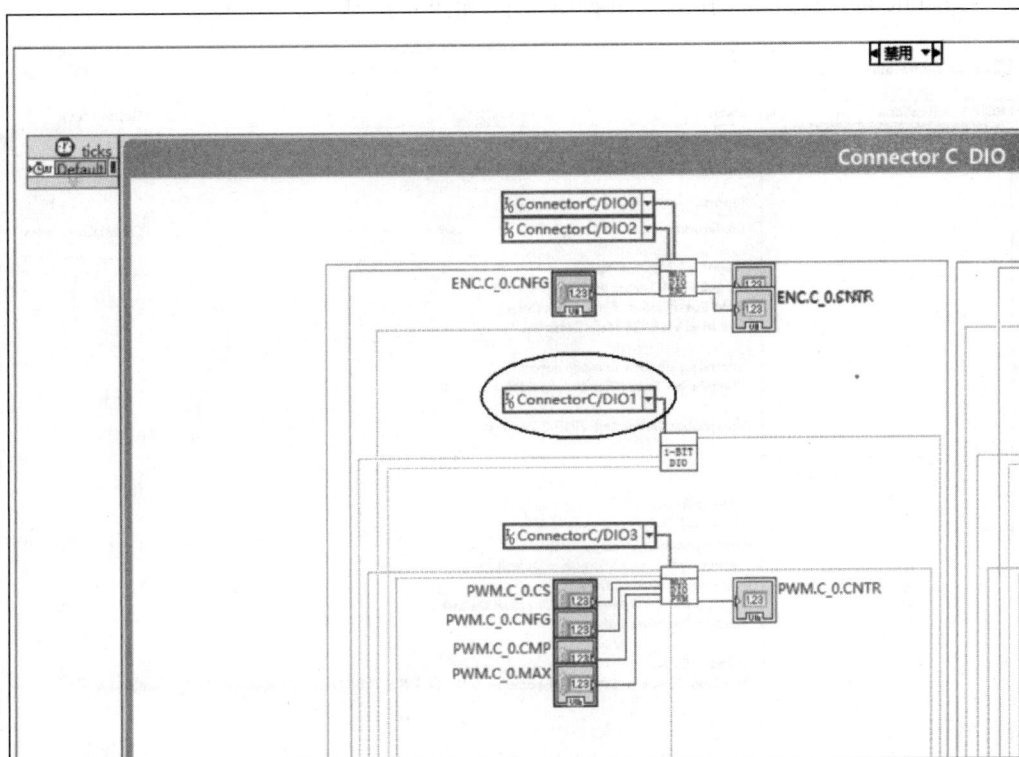

图 6-8　禁用其余引脚

注意：同一个程序框图中，有两处地方同时用到了同一个引脚，这是引脚冲突，是不允许的，因此，另外一个地方的程序可以禁用掉甚至删除，因为这个地方的程序功能跟想要的功能无关。禁用是程序保留，但不运行该处程序。删除则是程序彻底删除。因此，为了避免程序重写的麻烦，在调试时程序一般采用禁用操作而非删除操作。

接下来就要进行编译了。单击"运行"按钮，选择第一项"使用本地编译服务"，如图 6-9所示。

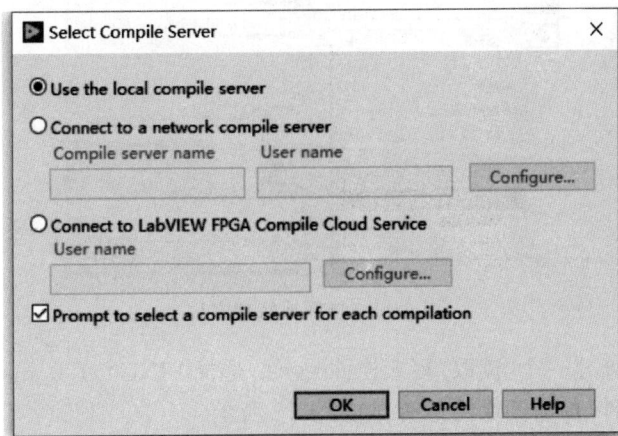

图 6-9　选择编译服务

单击 OK 按钮后,LabVIEW 就开始编译了,如图 6-10 所示。

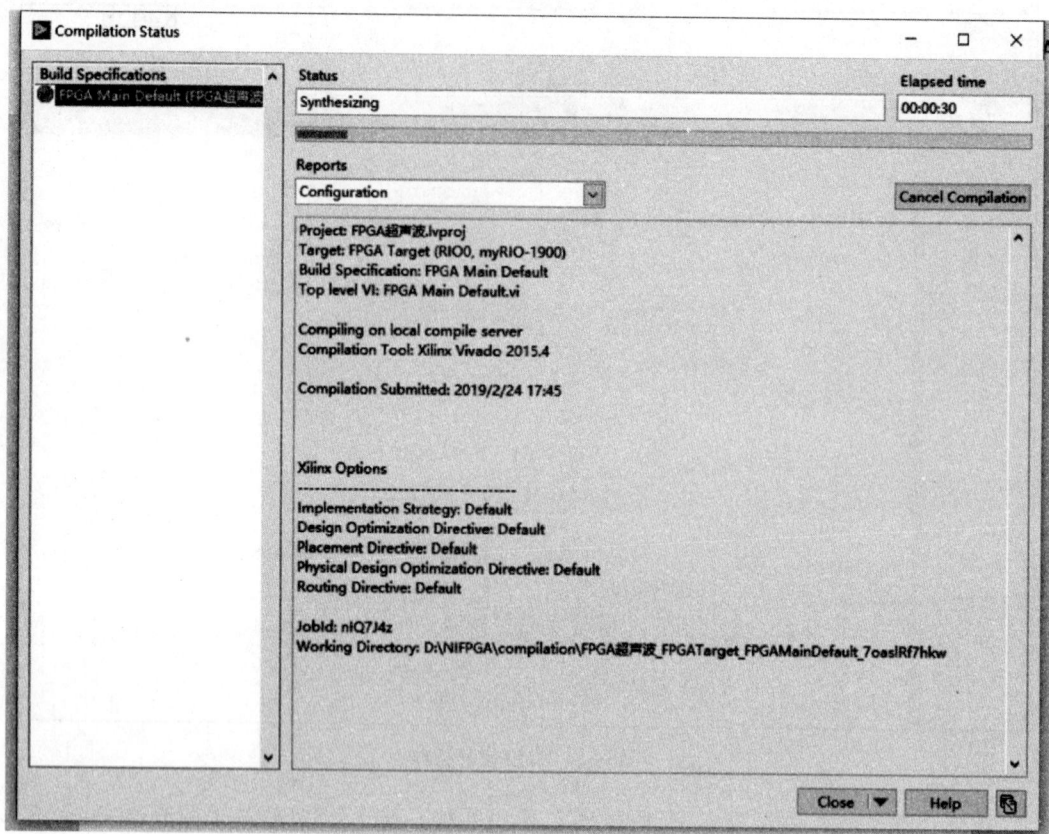

图 6-10　正在编译

编译成功后,便可在 RTMain 程序的"打开 FPGA VI 引用"控件选择编译好的比特位文件(一般会在本次项目所保存的文件夹里面)。右击该控件,选择"配置打开 FPGA VI 引用",找到并选择刚编译好的比特位文件(文件后缀为 lvbitx),如图 6-11 所示。

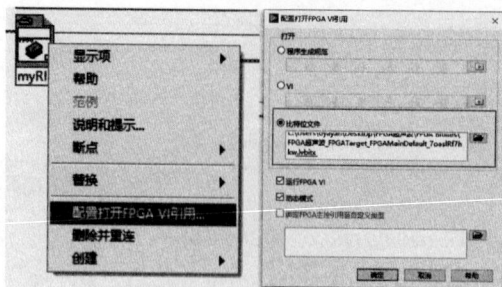

图 6-11　选择比特位文件

接下来就可以新建一个"读取/写入控件"控件,选择 PING)))_0_dist,在该控件右边新建一个数值显示控件,即为读取的距离,如图 6-12 所示。

保存后即可运行,运行中的程序如图 6-13 所示,单位为 cm。

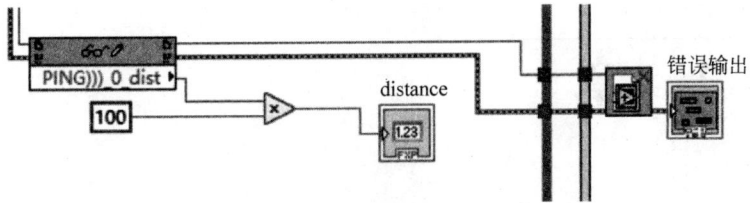

图 6-12 读取距离部分程序

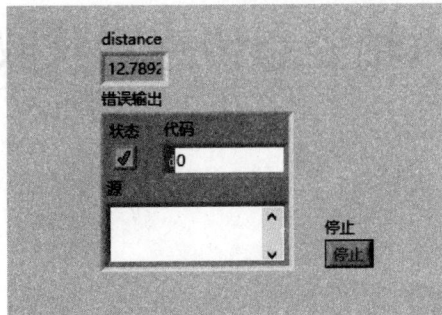

图 6-13 运行中的程序

思 考 题

尝试增加报警功能。当检测到的距离小于 10cm 时产生报警。

第 7 章

使用六轴姿态传感器获取信息

项目介绍

    生活中,有很多地方需要用到姿态传感器,如 VR 设备、智能机器人、动作捕捉、无人机设备等。大家都觉得高深莫测的无人机设备其实很大功劳都属于姿态传感器,它包括陀螺仪和加速度仪,能有效地获取设备的角度信息以及加速度信息。本章我们使用 myRIO,通过 MPU050 模块测量角速度和角位移。

项目目的

    (1) 比较熟练地掌握并运用 LabVIEW 编程以及 myRIO 的使用;

    (2) 了解 I^2C 接口的用法以及 I^2C 在 myRIO 中的运用;

    (3) 掌握 MPU6050 模块的使用方法。

7.1 硬件材料及理论知识准备

7.1.1 硬件材料

myRIO 与六轴姿态传感器硬件材料如表 7-1 所示。

表 7-1 myRIO 与六轴姿态传感器硬件材料

名　称	数量	图　片	备　注
myRIO	1		

续表

名　　称	数量	图　　片	备　　注
杜邦线	4		
姿态传感器	1		

7.1.2　背景知识

1. I²C

I²C(也称 IIC)即 inter-integrated circuit(集成电路总线),是一种简单、双向、二线制、同步串行总线结构。I²C 总线用于连接微控制器及其外围设备。由两线组成,分别指"串行数据"(SDA)和"串行时钟"(SCL),这两个引脚在连接到总线的器件间传递信息以及提供同步时序,如图 7-1 所示。

I²C 通信简介:在一次通信过程中,某设备发出起始信号以此作为"主机",之后发出对应从设备地址,待连上 I²C 的所有设备中对应设备应答后开始通信,其中主机负责 SCL 时钟线上产生时钟,控制通信过程的节奏。

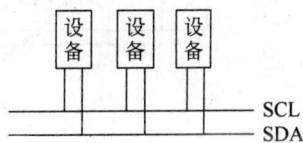

图 7-1　I²C 通信

2. 姿态传感器

姿态传感器是基于 MEMS 技术的高性能三维运动姿态测量系统。它包括三轴陀螺仪、三轴加速度计、三轴电子罗盘等运动传感器,通过内嵌的低功耗 ARM 处理器,得到经过温度补偿的三维姿态与方位等数据。利用基于四元数的三维算法和特殊数据融合技术,实时输出以四元数、欧拉角表示的零漂移三维姿态方位数据。本项目所用的为 MPU6050 姿态传感器,其包括陀螺仪和加速度计。MPU6050 是一种非常流行的空间运动传感器芯片,可以获取器件当前的三个加速度分量和三个旋转角速度。由于其体积小巧,功能强大,精度较高,不仅广泛应用于工业,同时也是航模爱好者的神器,被安装在各类飞行器上驰骋蓝天。

3. 定时循环

根据指定的循环周期顺序执行一个或多个子程序框图或帧。在开发支持多种定时功能的 VI、精确定时、循环执行时返回值、动态改变定时功能或者多种执行优先级等情况下可以使用定时循环,如图 7-2 所示。

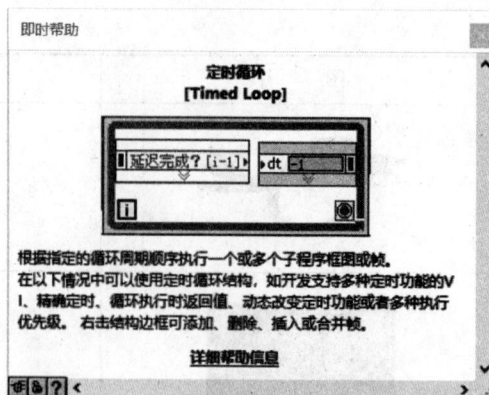

图 7-2　定时循环结构

7.2　项目实施

7.2.1　电路搭建

myRIO 与六轴姿态传感器模块连线图如图 7-3 所示。

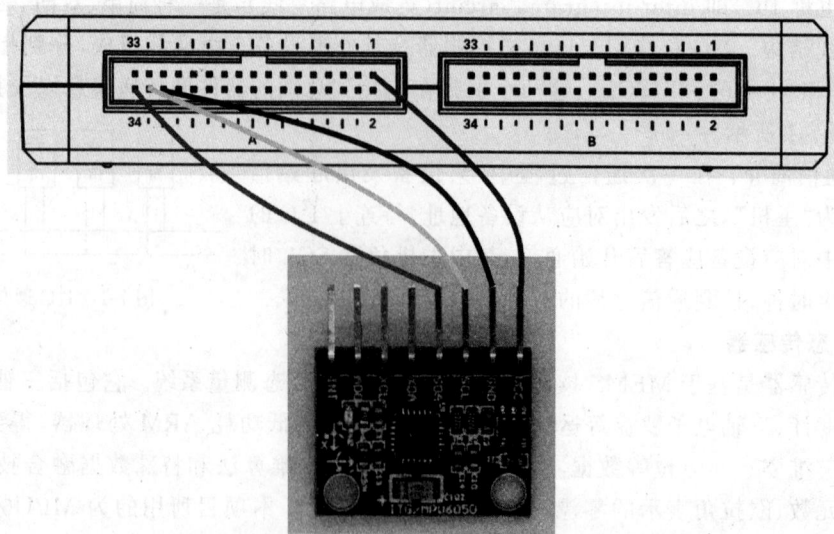

图 7-3　六轴姿态传感器模块连线图

图 7-3 中,模块的 SCL 口和 SDA 口分别与 myRIO 的 DIO14/I^2C. SCL(pin32)和 DIO15/I^2C. SDA(pin34)相连,用于 I^2C 串行接口。若想通过 USB 转 TTL 模块连接 MPU6050,计算机作为上位机,则需使用另外两个引脚 XDA 和 XCL。

7.2.2　程序编写

1. 程序

myRIO 与六轴姿态传感器程序图如图 7-4 所示。

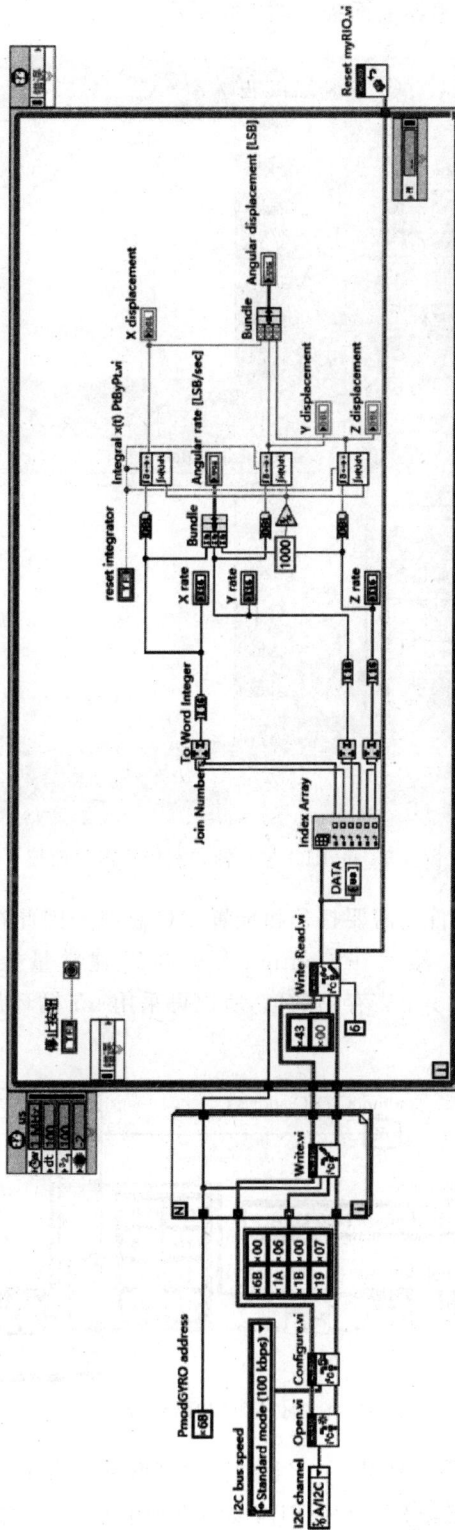

图 7-4 读取姿态传感器数据程序图

2. 前面板

myRIO 与六轴姿态传感器前面板如图 7-5 所示。

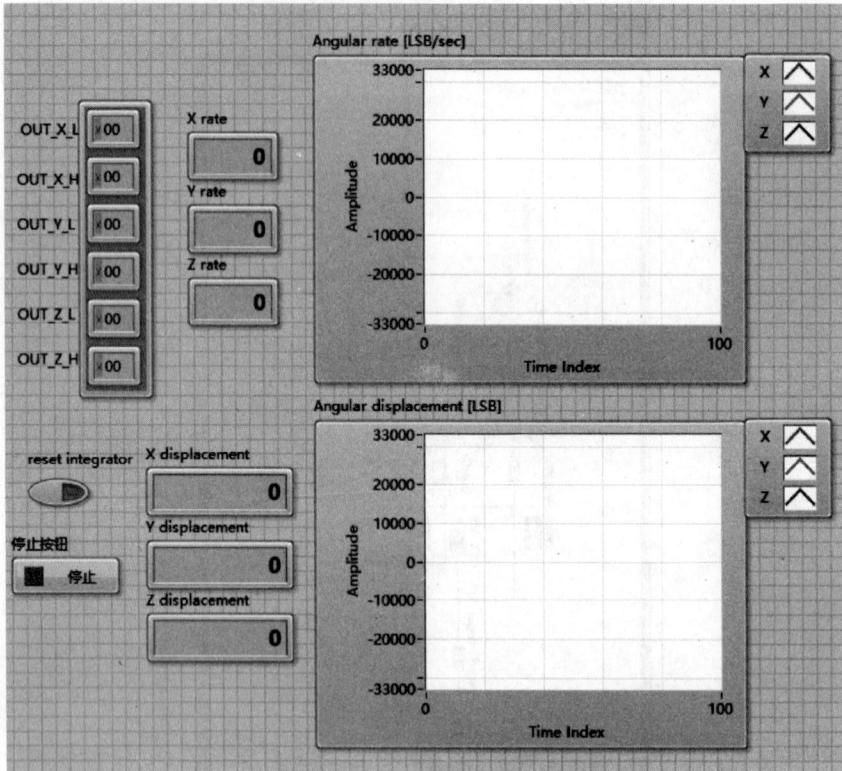

图 7-5   myRIO 与六轴姿态传感器前面板

我们想要读取信息时，首先需要打开和配置 I^2C 总线。因此在 Open. vi 的输入端建立常量数组，选择 I^2C 管脚。然后在 Configure. vi 中新建常量数组，选择 Standard mode (100kbps)。因为需要写入多个寄存器的值，所以可采用 for 循环加数组自动索引的形式来写入，如图 7-6 所示。

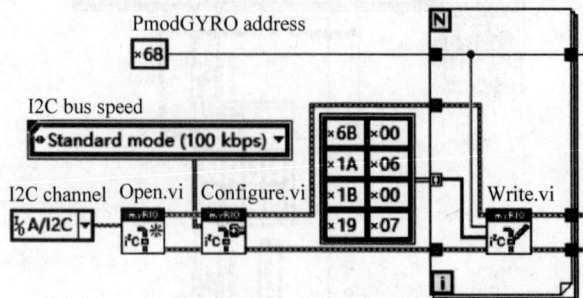

图 7-6 I^2C 初始配置

由于输入给寄存器的值是地址，因此我们需要修改数值常量（或数组常量）的显示格式。正常情况下的数值常量是 ![30] ![0] or ![0]，我们需要右键数值常量，选择"属性"，在"外观"中选中

"显示基数"☑ **显示基数**。然后在"数据类型"里选择表示法

为"无符号单字节整型" 。最后在"显示格式"中选择

类型为"十六进制",并且选中右侧的"使用最小域宽",选

择2,再选择"左侧填充零",如图7-7所示。

☑ 使用最小域宽
2
左侧填充零

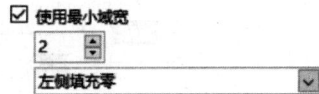

图7-7 修改数值属性

MPU6050的相关寄存器如表7-2所示。

表7-2 MPU6050的相关寄存器

寄存器名称	地址	作用和配置
PWR_MGMT_1	6B	配置电源模式。0x00 正常启动
GYRO_CONFIG	1B	配置陀螺仪。0x00 设置陀螺仪为＋250dps,不自检,不绕过数字滤波器
CONFIG	1A	相关配置。0x06 完成对 FIFO 的设置,以及引脚滤波和滤波器的设置
SMPLRT_DIV	19	采样率分配。0x07 选择八分频预分频

相关数据寄存器如表7-3所示。

表7-3 相关数据寄存器

数据寄存器名称	地址	内 容
GYRO_XOUT_H	43	GYRO_XOUT_H[15:8]
GYRO_XOUT_L	44	GYRO_XOUT_L[7:0]
GYRO_YOUT_H	45	GYRO_YOUT_H[15:8]
GYRO_YOUT_L	46	GYRO_YOUT_L[7:0]
GYRO_ZOUT_H	47	GYRO_ZOUT_H[15:8]
GYRO_ZOUT_L	48	GYRO_ZOUT_L[7:0]

在每次向器件写入和读取数据时需要指定器件的总线地址,MPU6050的总线地址为0x68。要读取的是陀螺仪的数据,所以需要写入陀螺仪存放数组的寄存器首地址,再读取其后6个。读取的数据两两之间应用整数拼接相连,转换为16位整型,即可获取原始角速度,如图7-8所示。

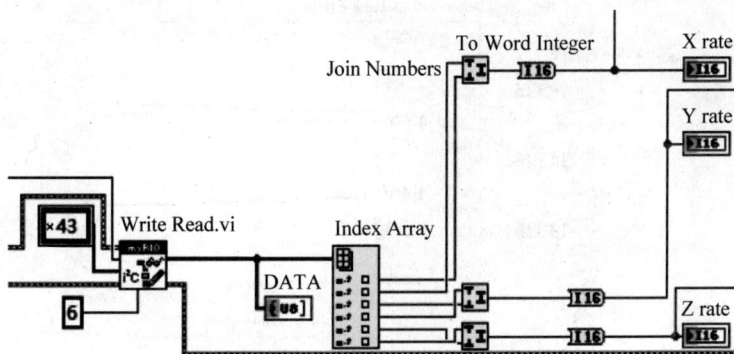

图7-8 读取初始角速度

将所得的数据进行逐点积分运算(信号处理→逐点→积分与微分(逐点)),dt选择1/1000,可进一步获取原始角位移,如图7-9所示。

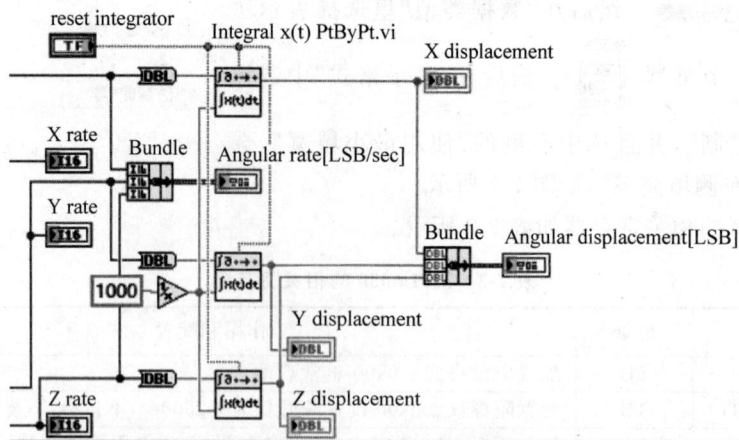

图 7-9　积分后读取初始角位移

7.2.3　运行调试

将模块与 myRIO 连接好,启动程序,调整模块的位置,观察实验数据以及实验数据的变化。运行中的前面板如图 7-10 所示。

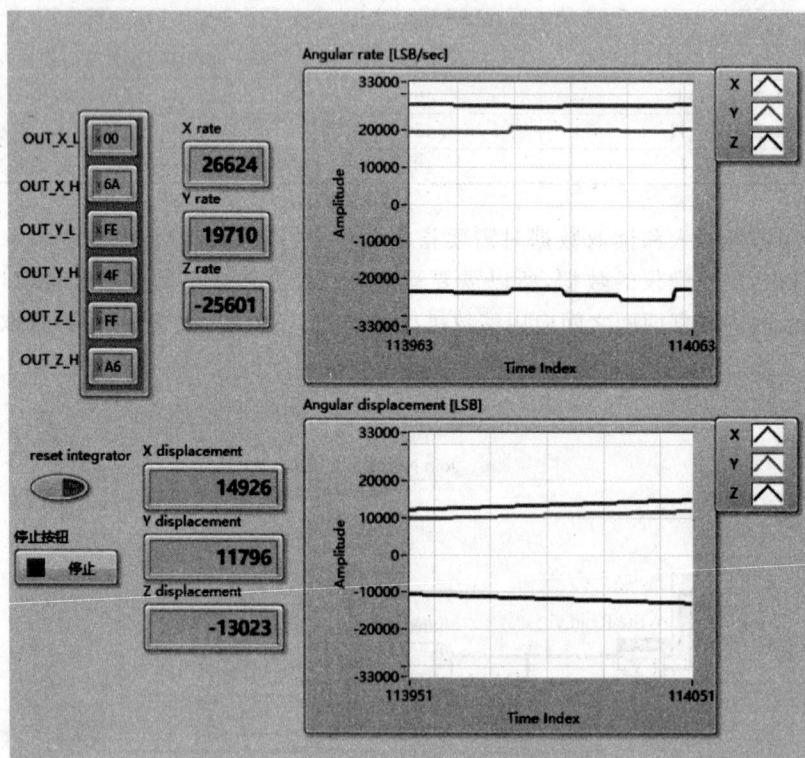

图 7-10　程序运行时的前面板

可以观察到,角速度和角位移都在不断地发生变化,若要得出比较准确的数据,需要进一步计算和滤波。对于寄存器和地址,可以查阅 MPU6050 手册,否则若对地址的输入有误,可能影响数据的读取。倘若 Write. vi 和 Write Read. vi 不在循环中,会导致不能持续地读取数据。

思 考 题

(1) 尝试通过算法和卡尔曼滤波获取较为准确的数据。

(2) 尝试使用 MPU6050 内部 DMA 直接处理所得到的数据。

第 8 章

控制舵机

项目介绍

使用 myRIO 对舵机进行控制,并通过 LabVIEW 编程改变频率和占空比,从而改变舵机转动角度。

项目目的

(1) 了解舵机的基本原理以及电路的连接方式;

(2) 掌握 PWM 信号的应用,通过调节 PWM 占空比或频率使舵机转动。

8.1 硬件材料及理论知识准备

8.1.1 硬件材料

舵机控制硬件材料如表 8-1 所示。

表 8-1 舵机控制硬件材料

名　　称	数量	图　　片	备　　注
myRIO-1900	1		

续表

名　　称	数量	图　片	备　注
角度舵机 HS-485HB	1		
杜邦线	若干		

8.1.2　背景知识

舵机(又称伺服电机,servo motor)是一种位置(角度)伺服的驱动器,适用于那些需要角度或速度不断变化并可以保持的控制系统。舵机及其配件如图 8-1 所示。舵机可以将电压信号转化为转矩和转速以驱动控制对象,准确控制速度、位置精度。舵机内部有一个基准电路,产生周期为 20ms、高电平宽度为 1.5ms 的基准信号,这个位置其实是舵机转角的中间位置。通过比较信号线的 PWM 信号与基准信号,内部的电机控制板得出一个电压差值,将这个差值加到电机上控制舵机转动。控制舵机的高电平范围为 0.5～2.5ms。0.5ms 对应最小角度,2.5ms 对应最大角度。

图 8-1　舵机及其配件

按照舵机的转动角度分为角度舵机和速度舵机。

角度舵机(又称 180°舵机)能根据指令在 0°～180°精确地运动,超过这个范围,舵机就会出现超量程的故障,轻则齿轮打坏,重则烧坏舵机电路或者舵机中的电机。

180°舵机的转动是由 PWM 信号控制的,当脉冲宽度(简称脉宽)在 0.5～2.5ms 时可控制其转向保持于某一角度,其中,脉宽＝占空比/频率。

因为脉宽跨度与角度有以下的线性关系:

0.5ms～0°;　1.0ms～45°;　1.5ms～90°;　2.0ms～135°;　2.5ms～180°

因此可以推出 2ms 宽度内脉宽与 180°转向角度的关系:

$$角度＝(脉宽－0.5ms)×180/2ms$$

速度舵机(又称 360°舵机)是由一个普通的直流电机加一个电机驱动板的组合,转动的方式和普通的电机类似,所以它只能连续旋转,无法控制转动的角度,但是我们可以控制它转动的方向和速度。

360°舵机是由 PWM 控制旋转速度和旋转方向,500～1500μs 的 PWM 是控制它正转,值越小,旋转速度越大;1500~2500μs 的 PWM 是控制它反转,值越大,旋转速度越大。1500μs 的 PWM 是控制它停止。(由于每个舵机的中位可能会不一样,所以有些舵机可能是 1520μs 的 PWM,舵机才会停下来。因此需要自己实际测试出舵机的中位。)

8.2 项目实施

8.2.1 电路搭建

舵机通常有 3 根线,黑色或棕色为 GND 接地(负极),红色的为电源线 V_{CC}(正极),橙黄色或白色的为信号线,如图 8-2 所示。

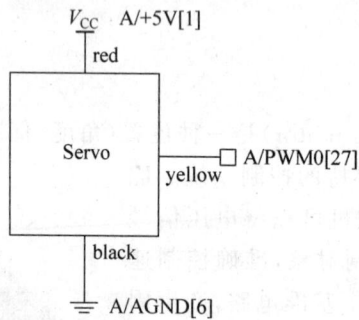

图 8-2 180°舵机

180°舵机接线图如图 8-3 所示。

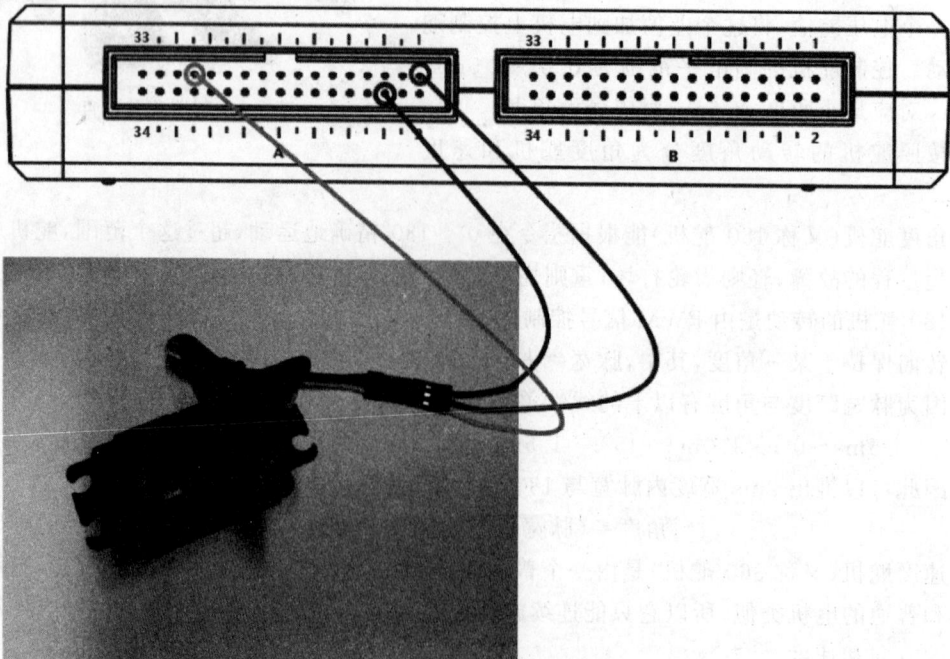

图 8-3 180°舵机接线图

8.2.2 程序编写

1. 程序

180°舵机程序图如图 8-4 所示。

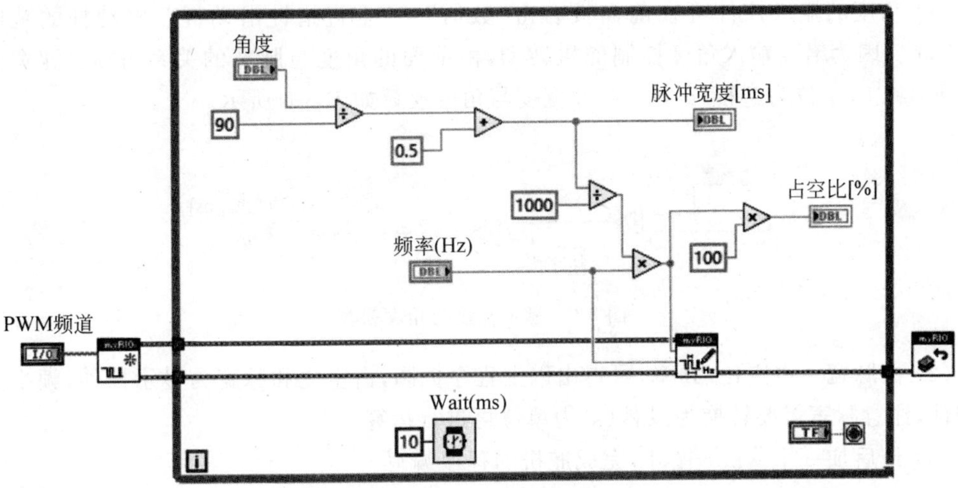

图 8-4　180°舵机程序框图

2. 前面板

180°舵机前面板如图 8-5 所示。

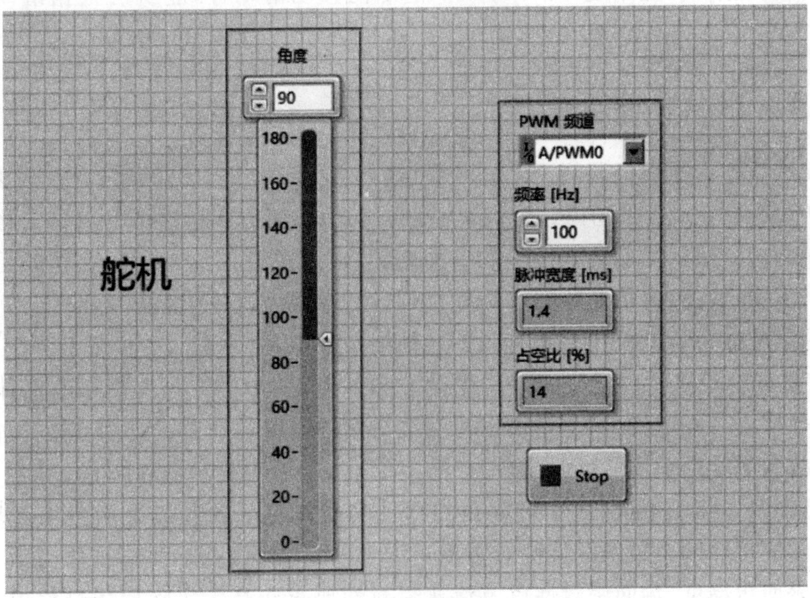

图 8-5　180°舵机前面板

3. 程序解析

创建一个 myRIO Project,在程序框图界面右击 myRIO→Default→Low Level→PWM

myRIO PWM Open.xnode 打开通道,并在 channel name 创建输入控件,由于前面信号线连接至 A/PWM0[27],所以通道选择 A/PWM0, **Set Duty Cycle and Frequency.vi** 读取数据, **Reset myRIO.vi** 发生错误时重启 myRIO。

(1) 角度的输入控件可在前面板右击"数值"→"垂直指针滑动杆",滑动杆的范围在 0°～180°。因为需要输入角度控制舵机转动,由前面的角度与脉宽的关系可得:脉宽＝角度÷90＋0.5,单位为毫秒(ms)。脉冲宽度与角度换算如图 8-6 所示。

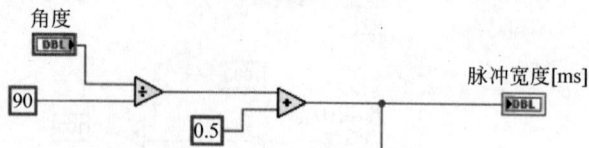

图 8-6　脉冲宽度与角度换算

(2) 由脉宽＝占空比/频率,可得出以上程序框图,占空比和脉宽为显示控件,频率为输入控件,注意脉宽需要转换为以秒(s)为单位再进行运算。

(3) 最后加一个 while 循环,完成舵机的程序编写。

8.2.3　运行调试

myRIO 与舵机接好线后,将 myRIO 与计算机连接,单击"运行"按钮,舵机首先会根据滑动杆的初始位置转动此角度,在 0°～180°范围内移动滑动杆,舵机会根据滑动杆的角度转动。

8.2.4　知识延伸

电液舵机通常由电液伺服阀、作动筒和反馈元件等部分组成。其中,电液伺服阀由力矩电机和液压放大器组成;作动筒(又称液压筒或油缸)由筒体和运动活塞等部分组成。目前操纵船舶航向的方法因船舶装备情况的不同而异,应用最普遍的是利用装在船尾的舵来操纵船舶航行方向。完整的操舵装置称为舵机,其中,电液舵机使用量最大。

现行的电液舵机转舵机构主要有以下三种结构类型。

(1) 摆缸式转舵机构主要包括双作用油缸和舵柄,其中油缸与舵柄以及船体采用绞接连接方式,舵柄安装在舵轴上,这样可以将油缸活塞的直线运动通过舵柄转换为舵轴的旋转运动,从而控制舵叶的角度,达到控制船舶航向的目的。

实际已证明对船舶来说,随着转舵角的增加其所需克服的转舵力矩是不断增加的,因此,摆缸式转舵机构的力矩匹配特性非常差。加工制造方面,对于油缸缸体与活塞的性能,如同轴度、表面粗糙度、端面密封性以及活塞密封性要求较高。实际使用过程中,一旦绞接点磨损较大,机构在工作中会出现撞击。此外,为适应缸体的摆动,必须采用口径较大的高压软管。但摆缸结构外形较小,质量轻,布置灵活,在中小转矩范围内仍获得广泛应用。

(2) 转叶式转舵机构是直接与舵轴安装在一起,类似液压马达直接安装在驱动轴上,不需舵柄,因而如果工作油液压力不变,其输出转舵力矩为一定值,与转舵角无关。转叶式舵机具有易于集成、安装方便、转角范围宽的优点,但加工制造精度要求高,密封技术较为复杂。通常密封条有两种类型：金属密封和橡胶密封。金属密封摩擦力小,使用寿命长,但包容性和顺应性差；橡胶密封摩擦阻力大,寿命短,但包容性和顺应性较好。现在已经有企业开发出将两者融合的复合密封条。长期以来,受制于密封问题,转叶转舵机构的只能适应中低油压工作,应用于中小型舵机,但随着密封技术的进步,正逐步向大型舵机拓展。

(3) 拨叉式转舵机构主要由单作用油缸、柱塞、舵柄组成,柱塞在工作油液的作用下,通过滚轮(或滑块)将直线运动通过舵柄转化为舵轴的旋转运动。拨叉式具有易于加工制造、密封性好、方便维护、工作可靠等众多优点,只是外形尺寸稍大。

思　考　题

如何实现角度舵机在 $30°\sim90°$ 范围内往复转动。

第 9 章

开环控制直流电机

项目介绍

在日常生活中,直流电机的使用非常普遍,城市电车、地铁、电动自行车和一些智能机器人均需要用到直流电机。直流电机是电机的主要类型之一,由于其具有良好的调速性能,在许多调速性能要求较高的场合得到广泛使用。

项目目的

(1) 理解掌握直流电机的驱动方法;

(2) 掌握直流电机的控制原理;

(3) 通过改变 PWM 占空比控制电机转速。

9.1 硬件材料及理论知识准备

9.1.1 硬件材料

直流电机开环控制硬件材料如表 9-1 所示。

表 9-1 直流电机开环控制硬件材料

名　称	数量	图　片	备　注
myRIO-1900	1		

名 称	数量	图 片	备 注
L298N 电机驱动板模块	1		
Namiki07390 直流电机	1		
12V 电源	1		
杜邦线	若干		

9.1.2 背景知识

1. 直流电机

直流电机是指能将直流电能转化为机械能(直流电机)或将机械能转换为直流电能(直流发电机)的旋转电机,如图 9-1 所示。通常情况下,直流电机特指直流电机,主要由定子和转子构成。给直流电机通正向电压时,电机正转;通反向电压时,电机反转。可以通过改变电机两端电压的大小来改变电机的转速。

图 9-1 直流电机

2. L298N 电机驱动模块

L298N 是 ST 公司生产的一种高电压、大电流电机驱动芯片。该芯片采用 15 脚封装,如图 9-2 所示。主要特点是：工作电压高,最高工作电压可达 46V；输出电流大,瞬间峰值电流可达 3A,持续工作电流为 2A；额定功率 25W。内含两个 H 桥的高电压大电流全桥式驱动器,可以用来驱动直流电机和步进电机、继电器线圈等感性负载；采用标准逻辑电平信号控制；具有两个使能控制端,在不受输入信号影响的情况下允许或禁止器件工作有一个逻辑电源输入端,使内部逻辑电路部分在低电压下工作；可以外接检测电阻,将变化量反馈给控制电路。使用 L298N 芯片驱动电机,该芯片可以驱动一台两相步进电机或四相步进电机,也可以驱动两台直流电机。

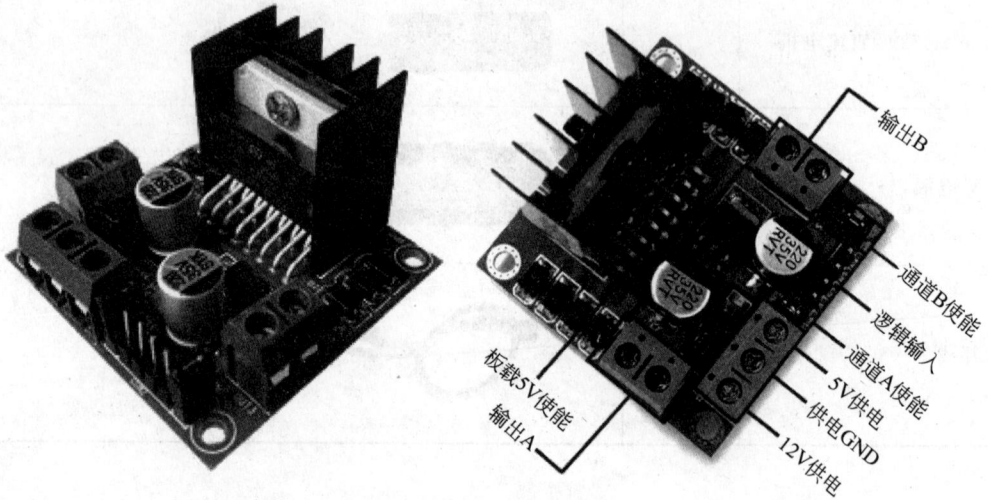

图 9-2　L298N 电机驱动模块

9.2　项目实施

9.2.1　电路搭建

直流电机开环控制电机电路原理图,如图 9-3 所示。

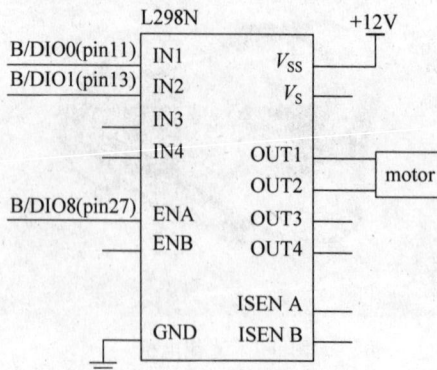

图 9-3　电机电路原理图

直流电机开环控制连线图，如图 9-4 所示。

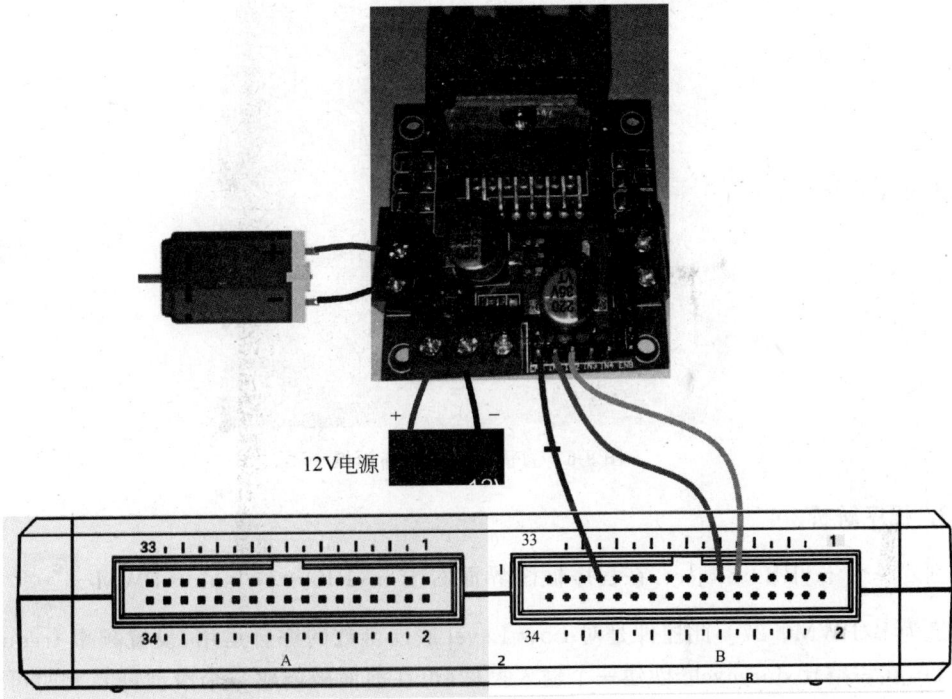

图 9-4 电机接线图

9.2.2 程序编写

1. 程序

直流电机控制程序框图如图 9-5 所示。

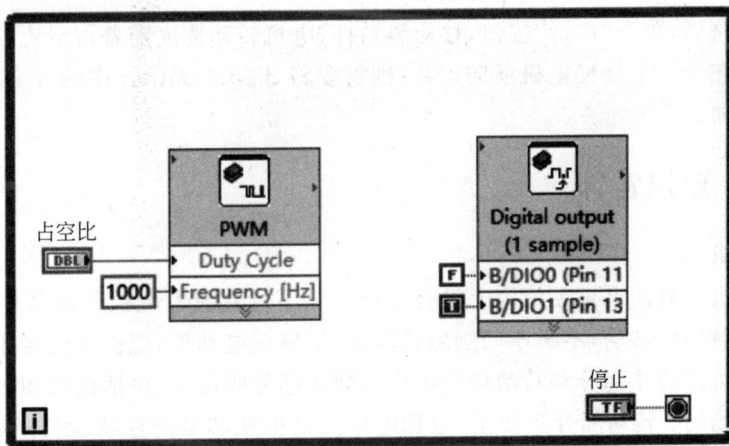

图 9-5 直流电机控制程序框图

2. 前面板

直流电机控制前面板如图 9-6 所示。

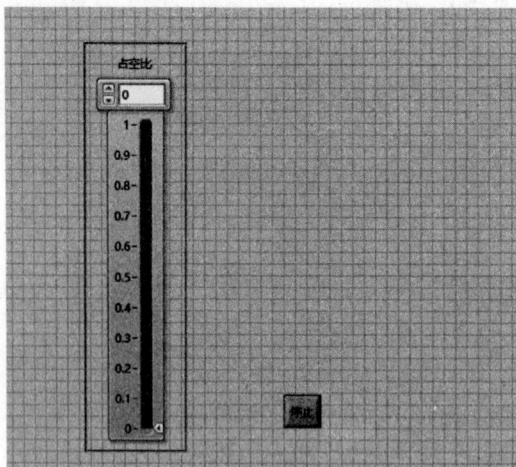

图 9-6　直流电机控制前面板

3. 程序解析

创建一个 myRIO project,在程序框图界面右击 myRIO→Default→PWM ![PWM],并设置通道为 B/PWM0[27],此控件是对 Low Level 底层函数的综合运用,设置频率 frequency 为 1000,在占空比 dutycycle 创建一个输入控件(可在前面板创建一个滑动杆),此时可通过改变占空比改变电机转速;在程序框图界面右击 myRIO→Default→digital output ![Digital Out],设置两个通道口分别为 B/DIO0(Pin11)和 B/DIO1(Pin13),创建常量, ![T] 为输出高电平, ![F] 为输出低电平。最后加一个 while 循环。

9.2.3　运行调试

连接好电路后,单击"运行"按钮,移动滑动杆,电机转动速度随着占空比的增大而增大,占空比的范围在 0~1;要使电机反向运转,则需要将 digital output 中的 T 和 F 对换,变换高低电平的方向。

9.2.4　知识延伸

直流发电机

直流发电机和直流电机在结构上没有差别。只不过直流发电机是用其他机器带动,使其导体线圈在磁场中转动,不断地切割磁感线,产生感应电动势,把机械能变成电能。

直流发电机由静止部分和转动部分组成。静止部分叫定子,包括机壳和磁极,磁极当然是用来产生磁场的;转动部分叫转子,也称电枢。电枢铁芯呈圆柱状,由硅钢片叠压而成,表面冲有槽,槽中放置电枢绕组。

换向器是直流电机的构造特征,换向器就是两个与线圈 abed 两端 a 与 d 相连的弧形导电滑片 1 和 2,这两个弧形导电滑片相互绝缘。随着线圈转动。两个固定不动的电刷 A 和 B 紧压在换向器滑片上,并与外电路相连接。为了减小直流发电机输出的直流电的脉动性,电枢绕组并不是单线圈,而是由许多线圈组成。绕组中的这些线圈均匀地分布在电枢铁芯的槽内,线圈的端点接到换向器相应的滑片上。换向器实际上由许多弧形导电滑片组成,彼此用云母片相互绝缘。线圈和换向器的滑片数目越多,产生的直流电脉动就越小,这当然也给制造带来困难,如图9-7所示。

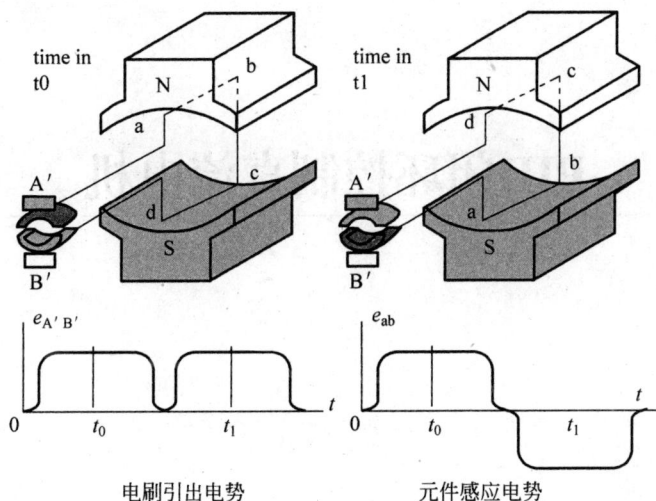

图 9-7 换向器

直流发电机产生的感应电动势的大小与定子磁场的磁感应强度和电枢的转速成正比。中小型直流发电机输出的额定电压并不高,为 115V、230V、460V。大型的直流发电机输出的额定电压在 800V 左右,输出更高电压的直流发电机属于高压特殊机组的范围,比较少用。

思 考 题

如何通过 L298N 电机驱动模块控制两个直流电机并实现不同的转向和转速。

第 10 章

PID闭环控制直流电机

项目介绍

生活中很多地方需要用到 PID 控制,小到一个家用温控系统的温度控制,大到控制无人机的飞行姿态和飞行速度等,都可以使用 PID 控制。PID 到底是什么呢? 让我们通过使用 PID 控制直流电机来认识 PID 吧。

项目目的

(1) 了解光电编码器结构、工作原理;

(2) 掌握直流电机 PID 速度闭环控制;

(3) 掌握直流电机 PID 位置闭环控制。

10.1 硬件材料及理论知识准备

10.1.1 硬件材料

直流电机 PID 闭环控制硬件材料如表 10-1 所示。

表 10-1 直流电机 PID 闭环控制硬件材料

名　　称	数量	图　　片	备　　注
直流电机	1		TETRIX® MAX TorqueNADO® MotorW44260
光电编码器	1	(已集成封装在直流电机中)	

续表

名　　称	数量	图　　片	备　　注
12V 电源	1		
myRIO	1		
杜邦线	若干		

10.1.2　背景知识

1. 光电编码器

编码器一般用于计算普通直流电机的轴端采集旋转了多少角度。

编码器的原理是在电机转子上加装有明暗刻线的码盘,并通过光学传感器感应明暗变化,利用转子在编码器内部扫过了多少条暗刻线来输出多少个脉冲信号。精度选择指编码器有多少分辨率,与暗刻线的多少有关,分辨率越高的编码器角度记录越精确。

我们使用的光电编码器会在 A、B 通道输出两组相位差为 90°的脉冲,通过比较 A 相在前还是 B 相在前,可以判别编码器的正转与反转,如图 10-1 所示。

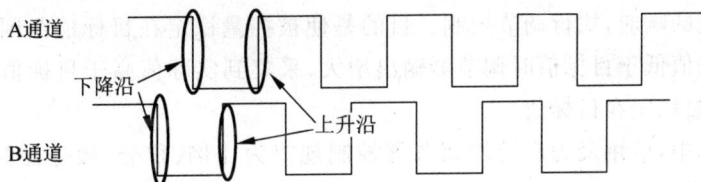

图 10-1　AB 脉冲

在 myRIO 的电机控制中,通常认为编码器编码的速度等同于电机的速度。电机的速度与编码的速度存在线性关系。编码的速度不换算成电机的速度也不影响 PID 速度的调节。本项目中使用的电机已经带有编码器,故不需另行准备。

2. 开环与闭环控制

开环控制系统(Open-loop Control System)是指被控对象的输出(被控制量)对控制器(Controller)的输出没有影响,如图 10-2 所示。在这种控制系统中,并不把被控量反馈回来以影响当前控制,即不形成任何闭环回路。

图 10-2 开环控制系统

闭环控制系统(closed-loop control system)的特点是系统被控对象的输出(被控制量)会返送回来影响控制器的输出,形成一个或多个闭环,如图 10-3 所示。闭环控制系统有正反馈和负反馈,若反馈信号与系统给定值信号相反,则称为负反馈(Negative Feedback);若极性相同,则称为正反馈。一般闭环控制系统均采用负反馈,又称负反馈控制系统。

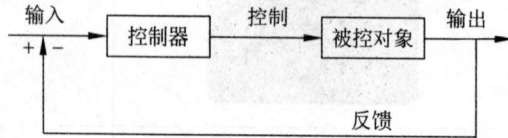

图 10-3 闭环控制系统

比如,人就是一个具有负反馈的闭环控制系统,眼睛便是传感器,充当反馈,人体系统能通过不断地修正最后做出各种正确的动作。如果没有眼睛,就没有了反馈回路,也就成了一个开环控制系统。

3. 速度闭环控制和位置闭环控制

速度闭环控制:主要应用为使电机保持在某一速度持续运行。其被控量为速度,输出量为 PWM 占空比。

位置闭环控制:主要应用为使电机驱动轮子走到某个位置。

电机驱动轮子走的距离可使用电机的编码值表示。例如,需要轮子走 10m。经测试得出轮子走 1m 为 300 个编码。则当电机编码值达到 3000 时,轮子走了 10m。

其被控量为位置,输出量为 PWM 占空比。

4. PID 控制

当今的闭环自动控制技术都是基于反馈的概念以减少不确定性。反馈理论的要素包括三个部分:测量、比较和执行。测量的关键是被控变量的实际值,与期望值相比较,用这个偏差来纠正系统的响应,执行调节控制。目的是使被控量稳定在目标值范围内。当我们采集到被控量实际值低于目标值时调节器输出增大,采集到实际值高于目标值时调节器输出减小,使得被控量稳定在目标值。

在工程实际中,应用最为广泛的调节器控制规律为比例、积分、微分控制,简称 PID 控制,又称 PID 调节。

对于直流电机,普通的 PWM 调节只能粗调电机转动的开关和快慢,不能使电机达到指定的速度,也不能使电机保持转速恒定。而这两点都是 PID 调节可以做到的。

PID(proportion integration differentiation)公式如下:

$$u(t) = K_p e(t) + K_i \int_0^t e(\tau) \mathrm{d}\tau + K_d \frac{\mathrm{d}e(t)}{\mathrm{d}t}$$

其中,$e(t)$ 为误差值。误差值=目标速度-当前速度。

(1) 比例(P)控制。

一种最简单的控制方式。其控制器的输出与输入误差信号成比例关系,如图 10-4

所示。

比如,编码器当前速度为 20/ms,当前设定的速度为 50/ms。这时如果设定 P 为 0.1,那么输出的 PWM 则为当前 PWM+0.1×30。

P 的意思就是"倍数",指要把这个偏差放大多少倍。"放大"本身就是一个比例。但是 P 单独控制也有缺点,就是会导致有误差,且误差会保持不变。

(2) 积分(I)控制。

I 是一个积分运算。若系统只在 P 的控制下,就会产生偏差。而 I 的积分运算则是把这些偏差累加起来,累加到一定的大小就进行处理,如图 10-5 所示。这样就能防止系统误差的累积。

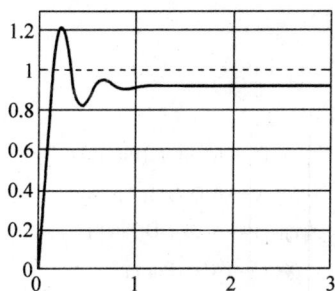

图 10-4　P 控制-误差

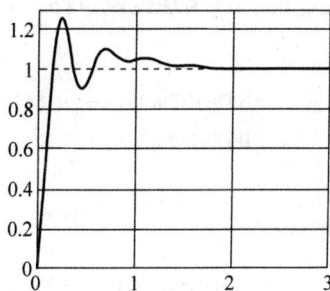

图 10-5　PI 控制-超调

PI 的组合控制可以消除误差。一般来说,直流电机的控制使用 PI 控制已经足够。但其他系统只使用 PI 控制还有一个缺点——超调。

(3) 微分(D)控制。

D 积分控制就是对变量进行求导,得到一个量的变化率。PID 的微分部分能将变量的变化率代入计算中,如图 10-6 所示。使用 PID 组合计算,就能减少超调,加快进入稳态。

5. LabVIEW 中的 PID

在 LabVIEW 中利用 PID.vi 即可搭建一个简单的 PID 控制器,如图 10-7 所示。

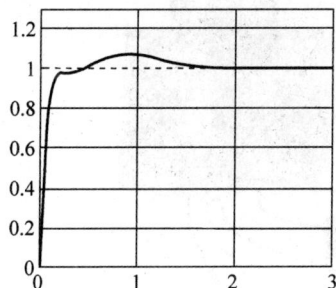

图 10-6　PID 控制

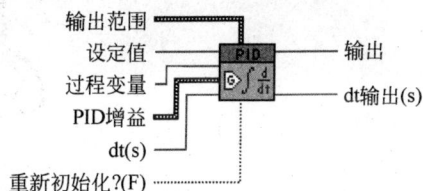

图 10-7　PID.vi

主要使用到的接线端如下。

输出范围:经 PID 计算后输出值的输出范围。

设定值(set point):实际期望值。

过程变量(process variable):也称为系统反馈值,即实际输入量。

PID增益(PID gains)：输入的是比例P、积分I、微分D的参数值。

dt(s)：微分时间，单位为秒，指每次进行PID计算的间隔时间。

输出(output)：经过PID计算后的输出量。

10.2　项 目 实 施

10.2.1　电路搭建

1. 电路原理图

直流电机PID闭环控制电路原理图，如图10-8所示。

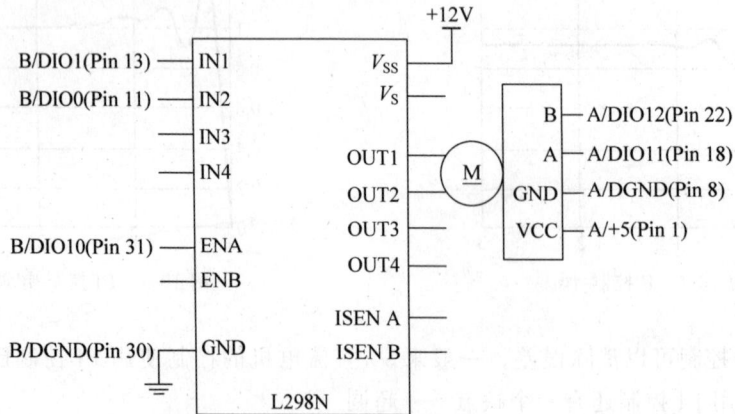

图10-8　电路原理图

2. 接线图(IO口)

直流电机PID闭环控制接线图，如图10-9所示。

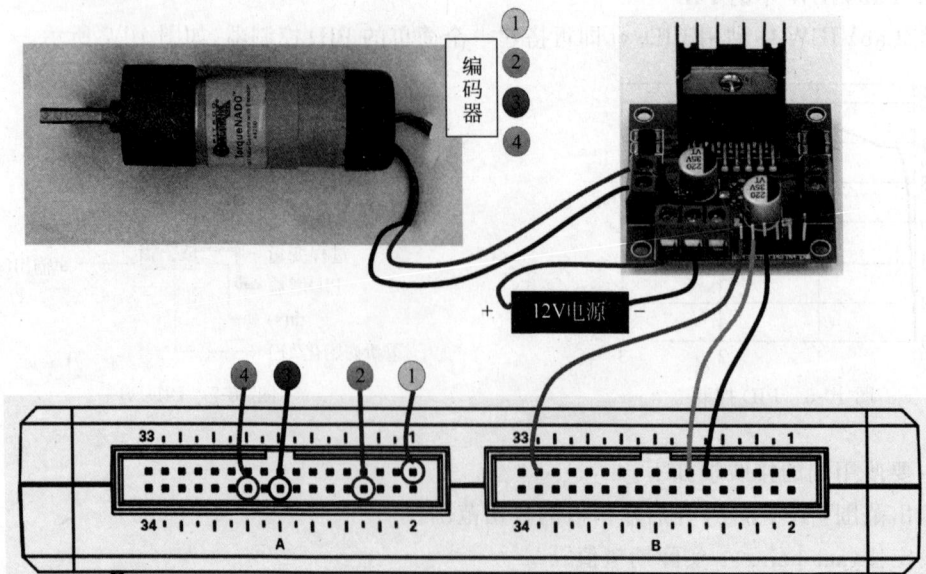

图10-9　接线图

注意：不同的电子元件需要共地。建立一个共同的电位参考点，才能进行信号传输。

10.2.2　程序编写

1. 速度环 PID
速度环 PID 程序如图 10-10 所示。

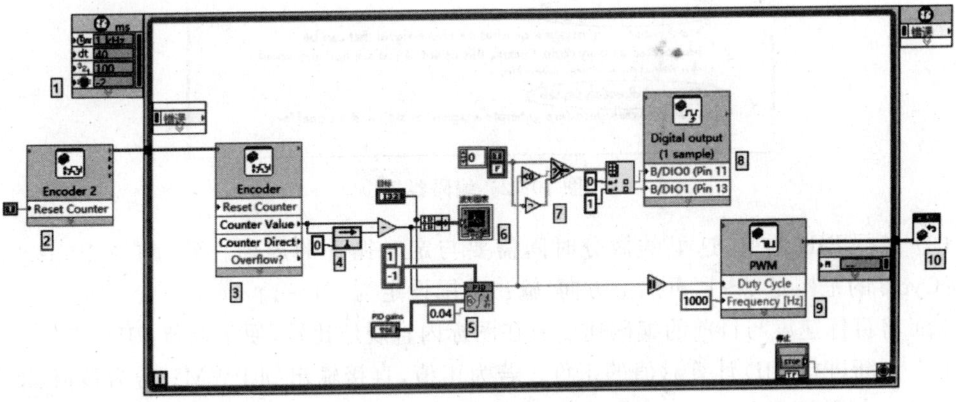

图 10-10　速度环 PID 程序

2. 速度环 PID 前面板
速度环 PID 前面板如图 10-11 所示。

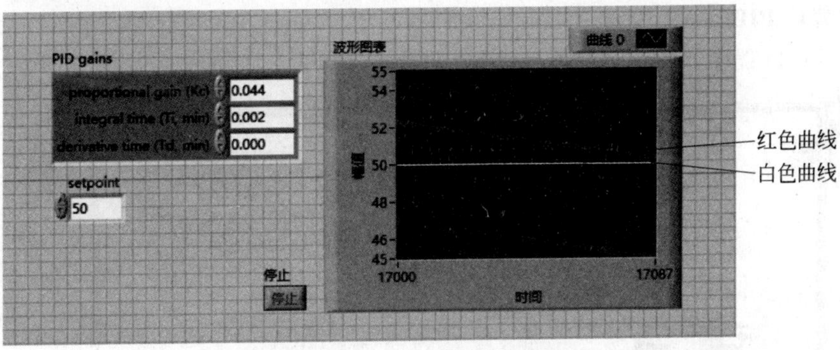

图 10-11　速度环 PID 前面板

注意：波形图表中，白色曲线为目标速度曲线，红色曲线为实际速度曲线。

3. 程序解析
（1）定时循环：可以在设定的循环周期内读取编码器的值，这里循环周期设为 40ms。

（2）重置编码计数，使编码器每个循环都能从 0 开始计数。

（3）读取编码计数。

选择编码器计数的方法。

第一种计数模式为每转一圈计数为 X4；第二种计数模式是每转一圈计数为 X1。

本节选择第一种计数模式，如图 10-12 所示。

（1）通过反馈节点令这一次的编码值减去上一次编码值，得到单个循环 40ms 内转过的编码数，即编码速度。

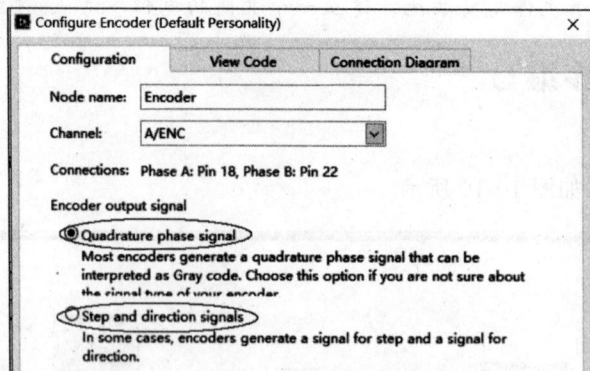

图 10-12　编码器.vi

（2）进行 PID 调节，这里的微分时间需要与定时循环的周期一致，均为 40ms。由于 Duty Cycle 的范围是 0～1，再加上方向，输出范围设定为 −1～1。

（3）将目标速度与目前的编码速度放在图标内直观地比较，便于调节 PID。

（4）判断进行 PID 计算后值的正负。若为正值，直接输出到 PWM；若为负值，即代表电机的方向与目标方向相反，转换电机的方向。

（5）控制电机方向。

（6）控制 PWM 输出。

（7）周期循环后重置 myRIO。

4. 位置环 PID

位置环 PID 程序如图 10-13 所示。

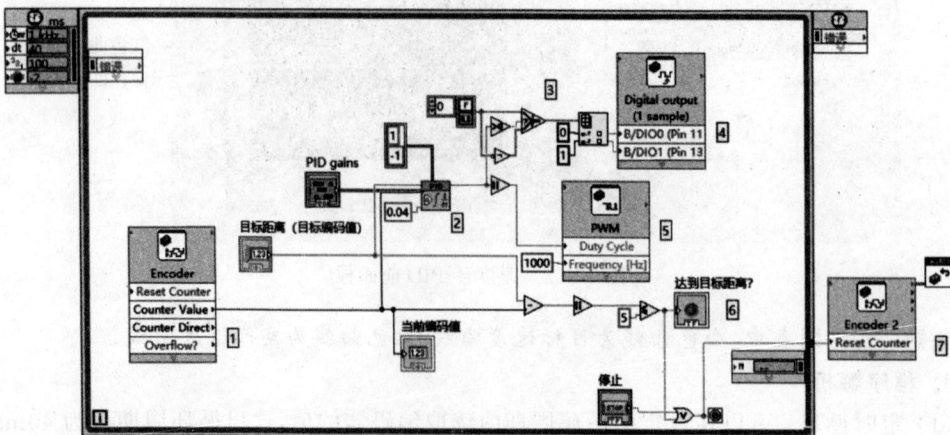

图 10-13　位置环 PID 程序

5. 位置环 PID 前面板

位置环 PID 前面板如图 10-14 所示。

6. 程序解析

（1）读取编码值，这里位置 PID 需要累计编码值，所以在周期循环内不需要每次都重置编码计数。

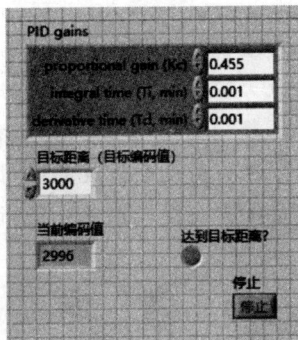

图 10-14 位置环 PID 前面板

（2）进行 PID 调节，这里与速度 PID 相似。

（3）判断进行 PID 计算后值的正负。若为正值，直接输出到 PWM；若为负值，即代表电机的方向与目标方向相反，转换电机的方向。

（4）控制电机方向。

（5）控制 PWM 输出。

（6）将目标编码与实际编码做比较，若其差小于 5，即可认为电机已到达目标位置，则可停止循环，电机停下来。

（7）到达目标位置或按下停止按钮后，重置编码。

10.2.3　运行调试

（1）准备好硬件材料，按上面接线图搭建好电路。

（2）编写程序，运行程序。

（3）当电机能成功运行后，调节不同 PI 值（以调试速度 PID 为例）。

① 确定比例系数 K_p。

首先令 I 和 D 为零。将目标值（Setpoint）设定为电机速度最大值的 $60\%\sim70\%$。K_p 由 0 开始以 0.01 为单位逐渐增大，直至系统出现振荡。再反过来，从当前值逐渐减小，直到振荡消失。记录此时的比例系数 K_p。设定 PID 的比例系数 K_p 为当前值的 $60\%\sim70\%$。

② 确定积分时间常数 T_i。

先设定一个较大的积分时间常数 T_i。然后逐渐减小 T_i，直至系统出现振荡。再反过来，逐渐增大 T_i，直至系统振荡消失。记录此时的 T_i，设定 PID 的积分时间常数 T_i 为当前值的 $150\%\sim180\%$。

③ 再对系统空载、带载联调对 PID 参数进行微调，直到满足性能要求。

（4）观察实验现象，记录并思考。

10.2.4　知识延伸

使用 PID 调节时，产生波动是正常现象。但如果波动剧烈，上下抖动过大，说明 PID 的参数调节存在问题。下面是 PID 参数整定时常用的口诀。调节前，先初步选取一组误差不太大的数据，然后根据口诀慢慢调节。

PID 常用口诀：

参数整定找最佳，从小到大顺序查；先是比例后积分，最后再把微分加。

曲线振荡很频繁，比例度盘要放大；曲线漂浮绕大弯，比例度盘往小扳。

曲线偏离回复慢，积分时间往下降；曲线波动周期长，积分时间再加长。

曲线振荡频率快，先把微分降下来；动差大来波动慢，微分时间应加长。

理想曲线两个波，前高后低四比一；一看二调多分析，调节质量不会低。

思 考 题

尝试在位置 PID 的程序上加上波形图显示当前位置和目标位置的关系。并调节 PID 的三个参数，使其能够快速平稳地到达指定位置。

第 11 章

认识机器视觉

项目介绍

本章将介绍通过 myRIO 与 USB 摄像头连接以采集图像的功能。

项目目的

(1) 掌握 NI Vision Assistant 软件的使用方法；

(2) 能通过 myRIO 与 USB 摄像头采集图像，并完成所需功能。

11.1 硬件材料及理论知识准备

11.1.1 硬件材料

机器视觉基础硬件材料如表 11-1 所示。

表 11-1 机器视觉基础硬件材料

名　　称	数量	图　　片	备　注
myRIO	1	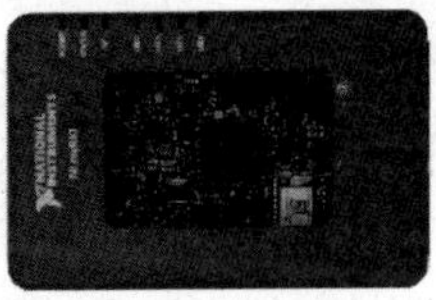	

续表

名　　称	数量	图　　片	备　　注
USB 摄像头	1		
二维码	1		

11.1.2　背景知识

1. 机器视觉

机器视觉是一个系统的概念,运用现代先进的控制技术、计算机技术及传感技术,表现为光、机、电的结合,如图 11-1 所示。安防监控、天文观测、工件定位和检测等,都要用到机器视觉。总而言之,机器视觉在如今的各方面都担任着重要角色,其用途和意义都非常重大。

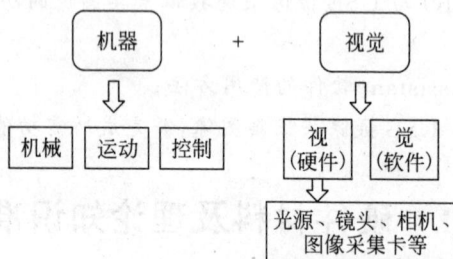

图 11-1　机器视觉

2. NI Vision Assistant

NI 公司的视觉开发模块是专为开发机器视觉和科学成像应用的工程师及科学家而设计的,包括 NI Vision Builder 和 IMAQ Vision 两部分。NI Vision Assistant 可自动生成 LabVIEW 程序框图,如图 11-2 所示,该程序框图中包括 NI Vision Assistant 建模时一系列操作的相同功能,如图 11-3 所示。

3. 二维码

二维(条)码是用某种特定的几何图形按一定规律在平面(二维方向上)分布的黑白相间的图形记录数据符号信息的;在代码编制上巧妙地利用构成计算机内部逻辑基础的"0""1"比特流的概念,使用若干个与二进制相对应的几何形体来表示文字数值信息。通过图像输入设备或光电扫描设备自动识读以实现信息自动处理,它具有二维码技术的一些共性,每种码制有其特定的字符集;每个字符占有一定的宽度;具有一定的校验功能等。

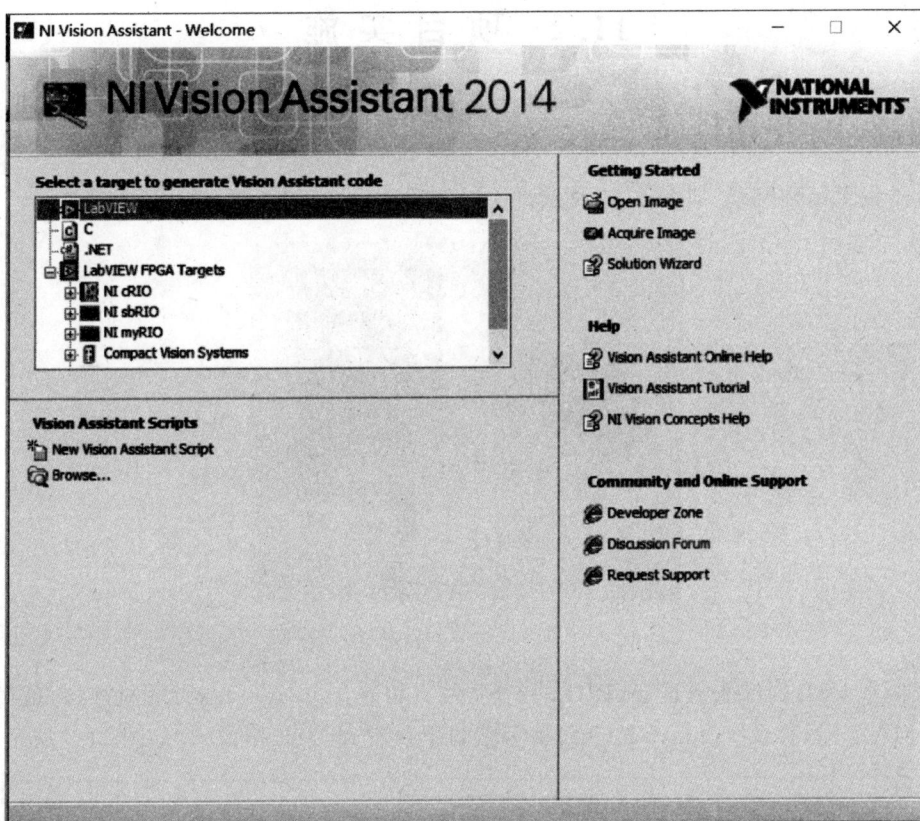

图 11-2 NI Vision Assistant 2014 的开始页面

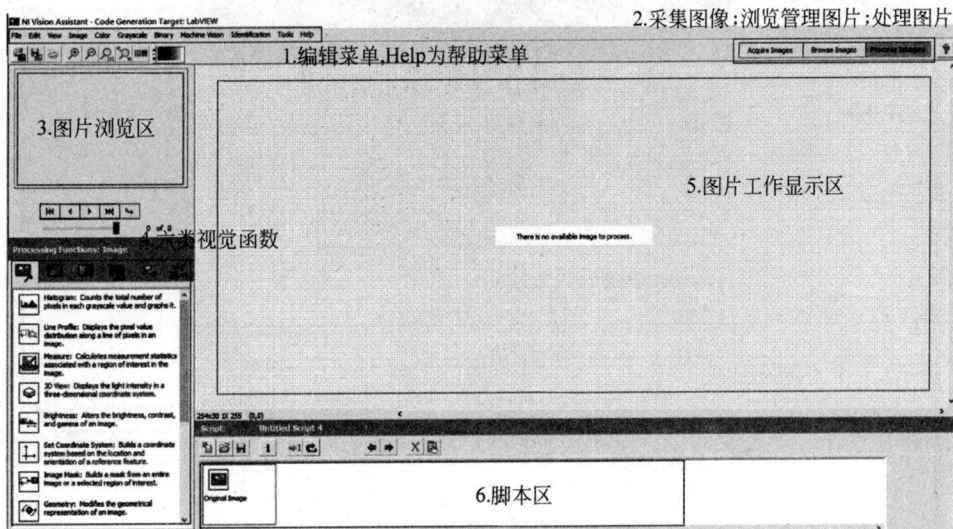

图 11-3 NI Vision Assistant 界面的组成

11.2　项目实施

11.2.1　电路搭建

机器视觉基础接线,如图 11-4 所示。

图 11-4　摄像头与 myRIO 的连接

我们将 USB 摄像头通过 myRIO 的 USB 端口相连,myRIO 再与计算机连接,就可以通过 NI MAX→远程系统→myRIO→设备和接口下查看到 USB 摄像头,如图 11-5 所示。

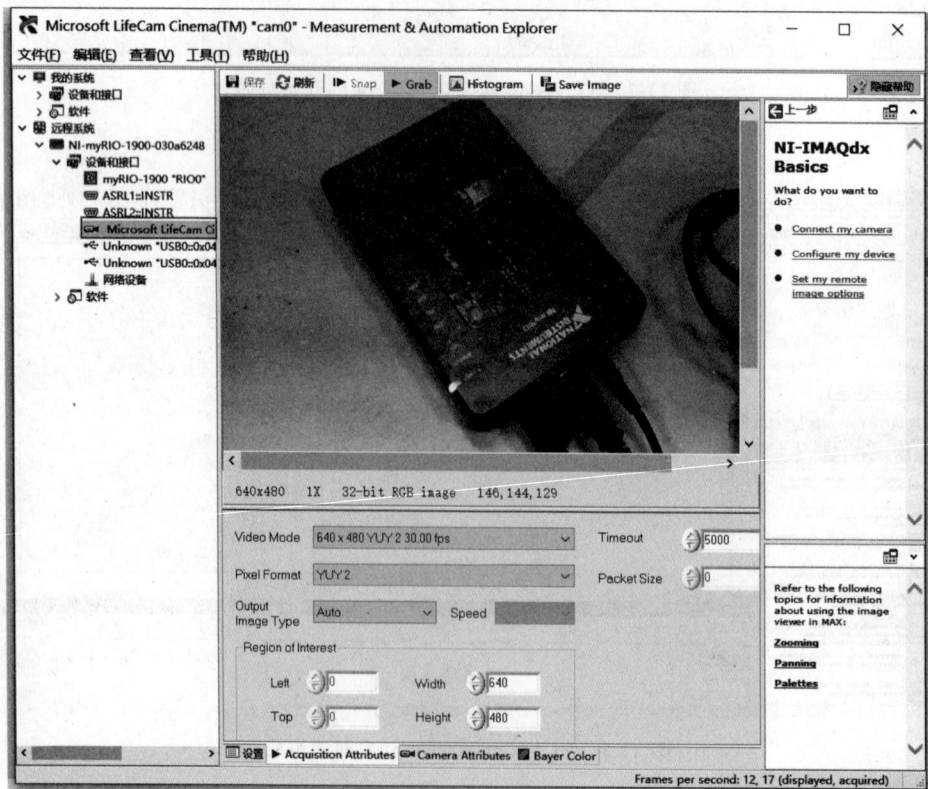

图 11-5　NI MAX 界面

11.2.2 程序编写

1. 获取实时图像

获取实时图像如图 11-6 所示。

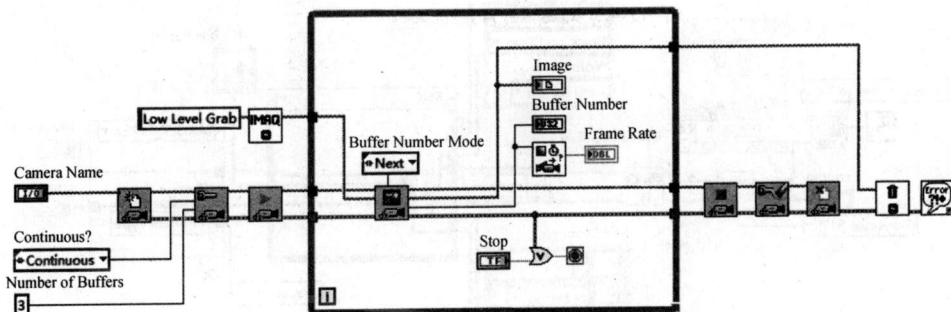

图 11-6 获取实时图像的程序

该程序可通过 LabVIEW 的帮助→查找范例→硬件输入与输出→视觉采集→NI-IMAQdx→底层→Low-Level Grab.vi 找到,用于连续采集图像。注意可在打开后另存,并在 myRIO 项目中打开,以免修改范例查找器中的示例程序。

接下来我们将使用 NI Vision Assistant 和 LabVIEW 实现指定功能。

2. 颜色分类

颜色分类程序如图 11-7 所示。

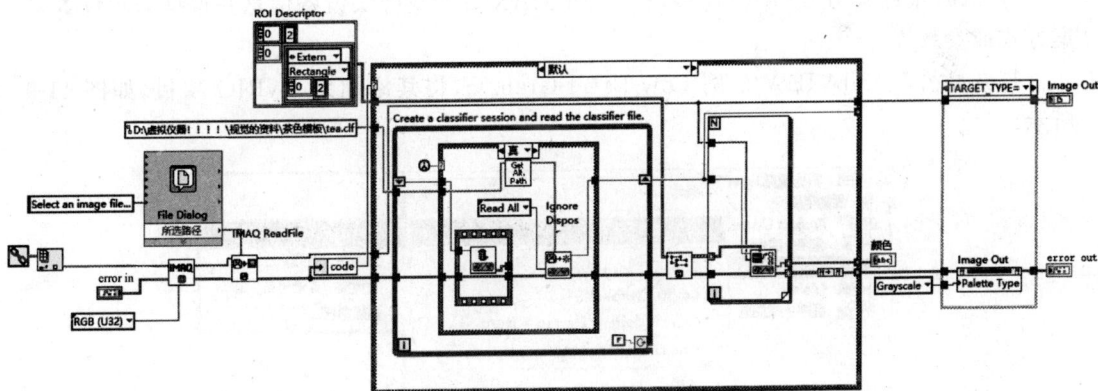

图 11-7 颜色分类程序

我们首先在视觉助手上编辑好要实现的功能(颜色分类),然后通过视觉助手生成 LabVIEW 程序,整理后即可得到图 11-7 所示的程序。

3. 二维码识别

二维码识别程序如图 11-8 所示。

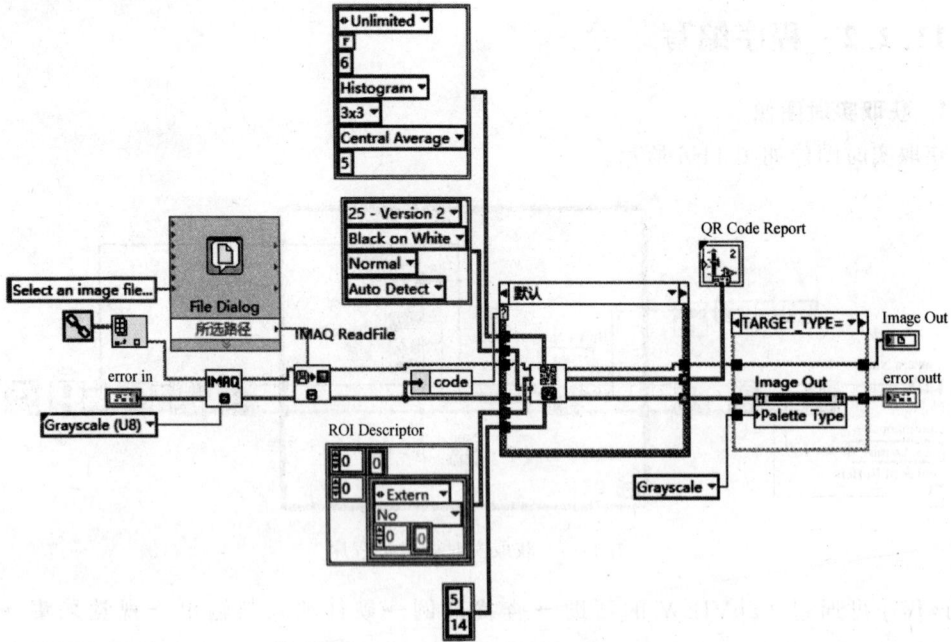

图 11-8　二维码识别程序

11.2.3　运行调试

1. 获取实时图像

将 USB 摄像头与 myRIO 连接,打开 NI MAX 查看摄像头设备信息并根据需求设置采集方式或参数等。

打开并另存 LabVIEW 范例 Low-Level Grab.vi,将其添加到 myRIO 项目,如图 11-9 所示。

图 11-9　添加范例到项目中

在 Camera Name 中选择我们所使用的摄像头在 myRIO 下的设备名,单击"运行"按钮,开始连续采集图像,如图 11-10 所示。

2. 颜色分类

在 NI Vision Assistant 中,通过训练模板就可以达到分类不同颜色。在颜色分类的选项卡上,颜色分类主要根据建立模板 New Classifier File 或者打开已经建立好的模板文件。

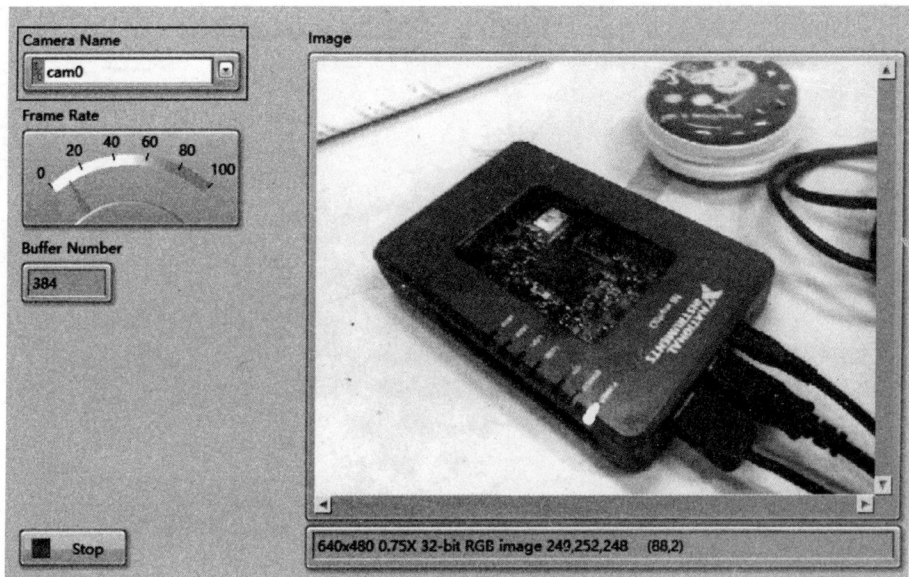

图 11-10　运行中的前面板

打开 NI Vision Assistant，打开一张用于分类颜色的图片。

选择函数区的 Color Classification 函数，并单击选项卡里的 New Classifier File 按钮，建立新模板，如图 11-11 所示。

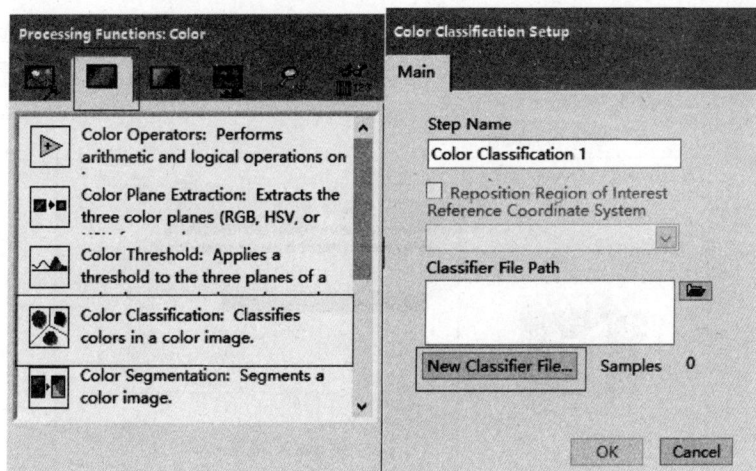

图 11-11　Color Classification 图：颜色分类的选项卡

单击 Add Class 建立 5 个类别（需要识别 5 种颜色），并各自命名。再单击 Add Sample 按钮，为每种颜色添加模板。如图 11-12 所示，在 ROI 区选择所需的形状，拖动鼠标在黑色区域画一个矩形，单击 Add Sample 按钮，为黑色分类添加一个模板。

添加完模板后单击 Classify 按钮，再单击 Train Classifier 按钮就把模板训练好了。现在我们在图片上的某个区域画一个矩形 ROI，视觉助手就可以得出与之最相近的模板，保存模板 File→save classifier file 后，回到主页面，如图 11-13 所示。

图 11-12　为颜色添加模板

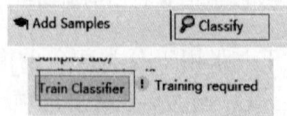

图 11-13　Train Classifier

将其生成 LabVIEW 代码,单击菜单栏的 Tools→Create LabVIEW VI,选择好保存路径后单击"Next",如图 11-14 所示。然后选择"Current Script"当前脚本,单击 Next 按钮,如图 11-15 所示。

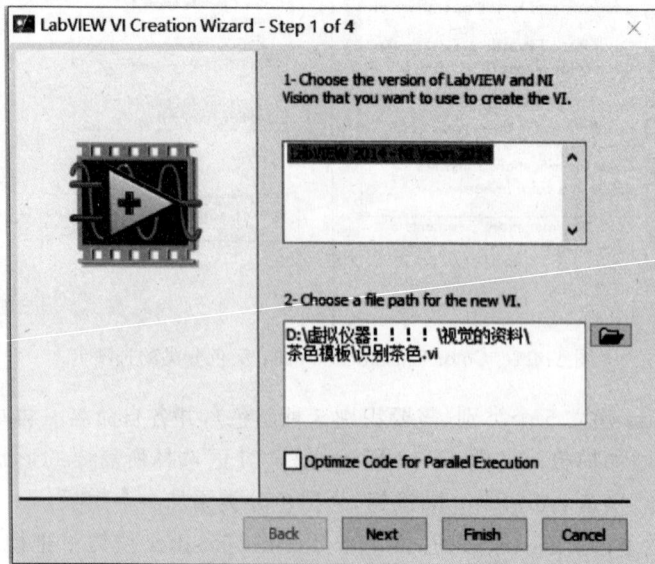

图 11-14　Creation Wizard

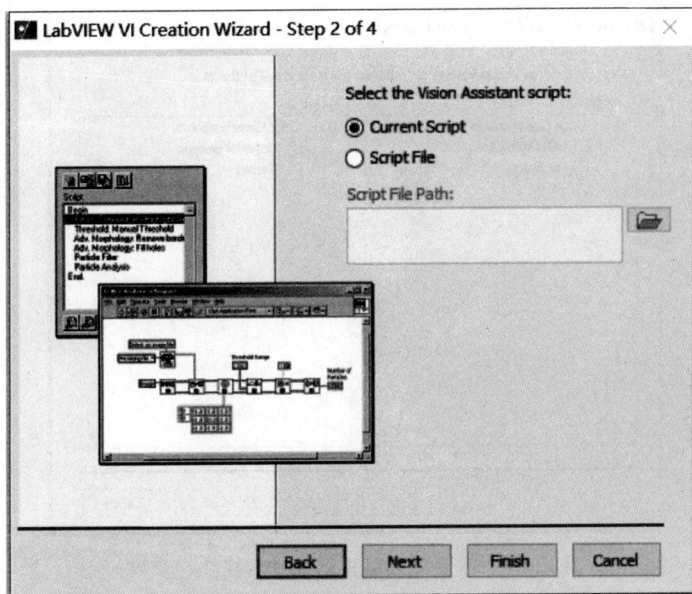

图 11-15 选择脚本

选择图片来源,先使用默认的图片文件(Images File),单击 Next 按钮,最后选择需要生成输入控件以及显示控件的参数,如图 11-16 所示。有需要就选择,不选择的话在 LabVIEW VI 中以常量存在,单击 Finish 按钮,视觉助手就会开始生成 LabVIEW VI,如图 11-17 所示。

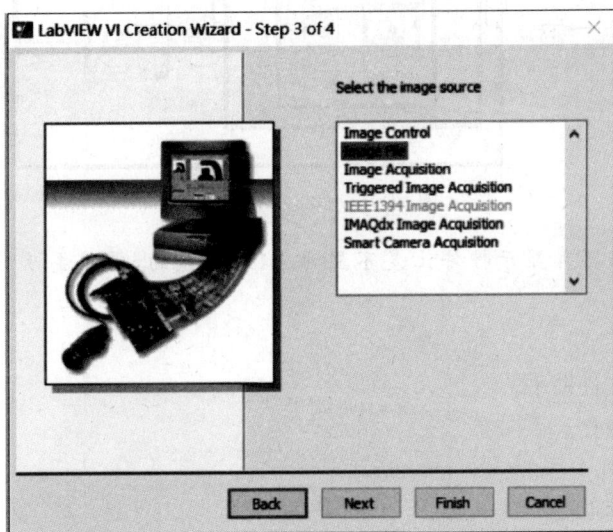

图 11-16 选择图片来源

生成并使用 LabVIEW 的自动整理功能后的 VI 如图 11-18 所示。需要注意的是,用视觉助手生成后的程序是没有显示控件的,因此只需在条件结构隧道处右击,建立显示控件即可。

注意:在视觉助手中用矩形 ROI 所画出来的 ROI 区域在程序中以常量存在,即程序中

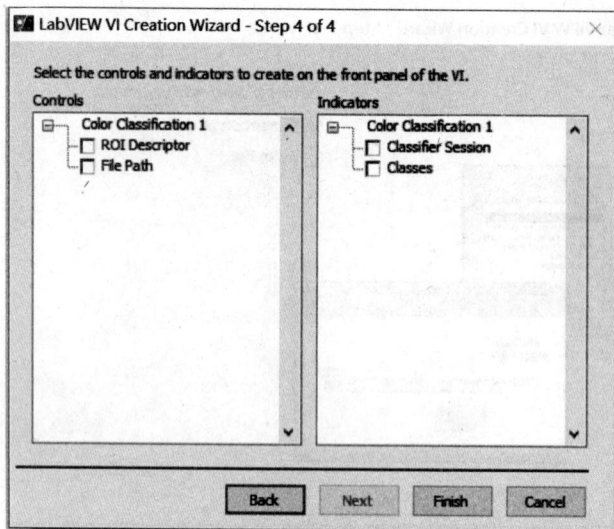

图 11-17　需要生成输入以及显示控件的参数

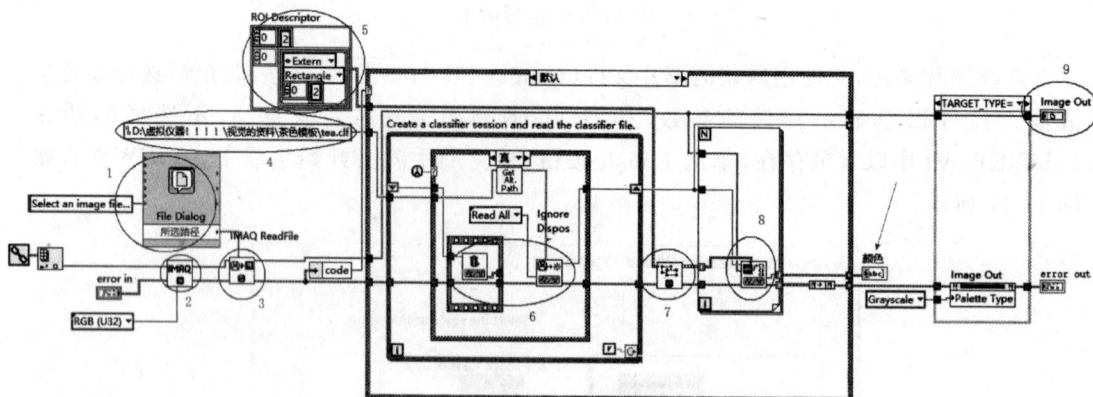

图 11-18　颜色分类程序

的标记有 5 处,且在图片显示控件上是不显示 ROI 区域的,需要更改程序才能加上 ROI 显示。

3. 程序解析

(1) 打开图片文件助手。

(2) 创建图片缓存。

(3) 读取图片。

(4) 模板路径读取。

(5) ROI 区域。

(6) 模板打开以及销毁。

(7) ROI 转换。

(8) 将模板与图片匹配,进行分类。

(9) 图片显示。

4. 二维码识别

（1）打开一张二维码图片，如图 11-19 所示。

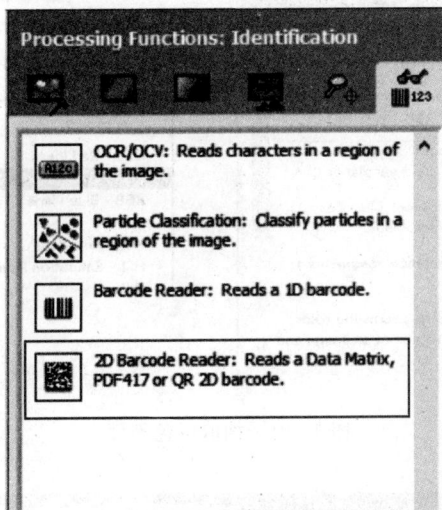

图 11-19　打开二维码图片

（2）选择"2D Barcode Reader"进行识别。

需要注意的是，有一些二维码的识别不支持 RGB，因此还需要进行处理。比如现在我们用的二维码是 QR Code，当选择类别之后，助手会提示不支持该 RGB 模式的 32 位模式，只支持 8 位的模式，如图 11-20 所示。

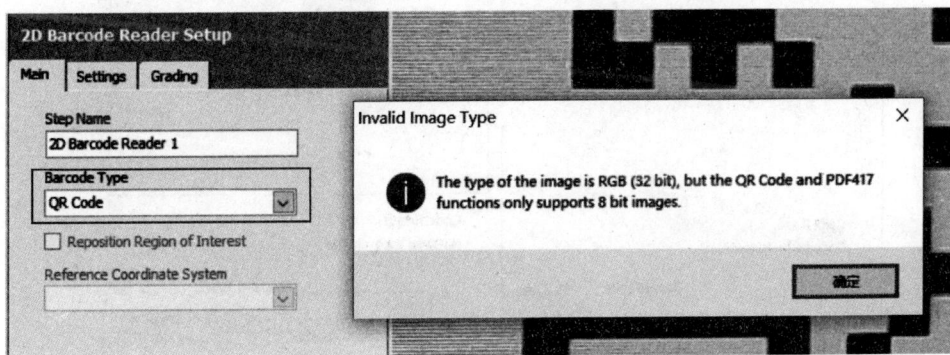

图 11-20　类型不支持

若遇到这种情况，需要在识别之前将图片转换为 8 位的图片，使用 Color 中的抽取颜色平面，这里我们抽取一个绿色平面即可，虽然图片没什么变化，但是性质已经发生了变化，如图 11-21 所示。

（3）在 Main 选项卡下，选择 Barcode Type 的 QR Code 选项，在 Settings 选项卡下单击 Suggest Values 按钮，如图 11-22 所示。因为在 Settings 选项卡下，主要是二维码参数的单击设置，比如尺寸、形状、模式、旋转等参数。设置合理可以缩短识别时间，一般不了解的参数可以直接单击 Suggest Values 按钮，视觉助手会给出参数的最佳值。显然，选择使用建议值后，大大减少了识别时间。

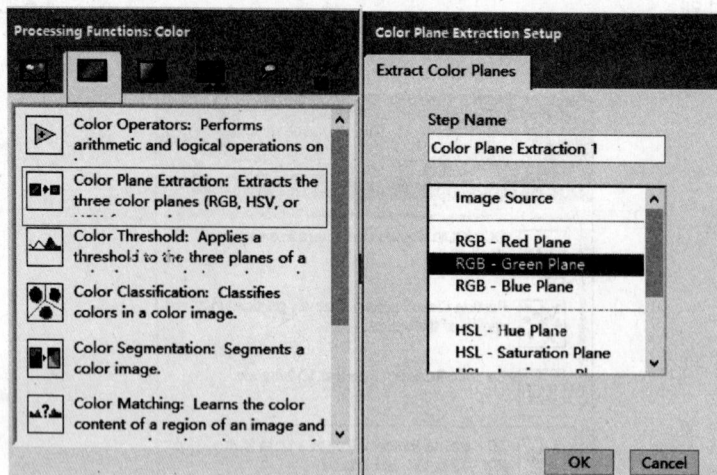

图 11-21　抽取绿色平面

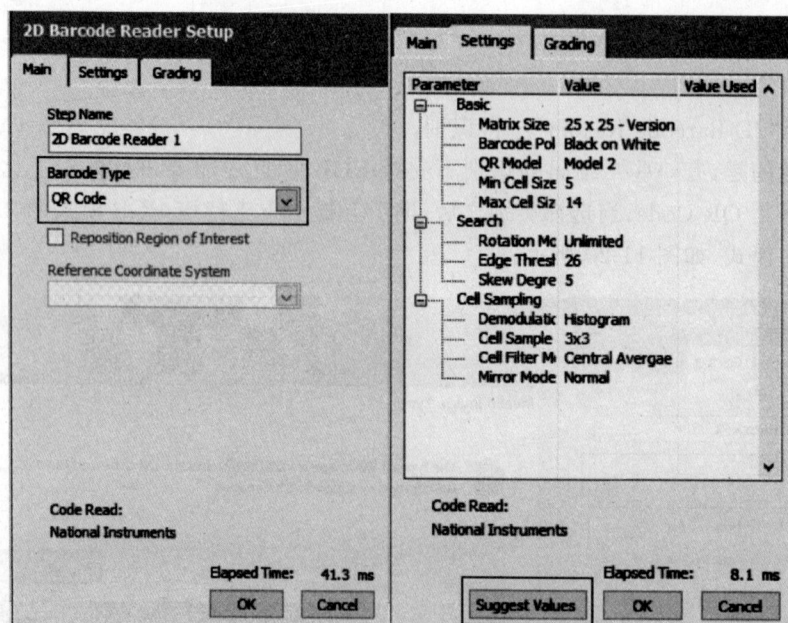

图 11-22　读取二维码和使用建议值

（4）同样，将其生成 LabVIEW 的 VI，整理后如图 11-23 所示。

5．程序解析

（1）文件打开助手。

（2）创建图片缓存。

（3）读取图片。

（4）二维码参数设置。

（5）二维码识别。

（6）图片显示控件。

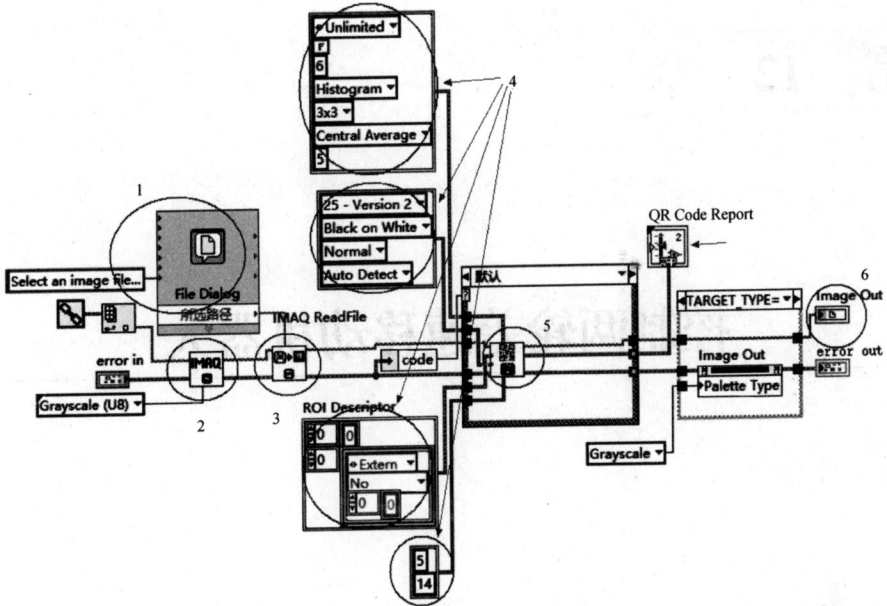

图 11-23　识别二维码程序

思 考 题

尝试通过与 myRIO 连接的 USB 摄像头获取的图片进行颜色分类和二维码读取。

第 12 章

控制两轮差速移动机器人

项目介绍

随着科技的发展,机器人技术的应用领域不断扩大,工业机器人、特种作业机器人、服务机器人、微小型机器人等已经在各个领域得到广泛应用和发展。两轮差速移动机器人结构简单,控制方便,是应用最为广泛的一种移动机器人,其运动控制是研究两轮差速机器人重要的课题。

项目目的

(1) 掌握两轮差速移动机器人的前进、后退、转弯等基础运动;

(2) 掌握循迹传感器(QTI)的原理以及在移动机器人中的应用方法;

(3) 通过超声波模块实现避障程序。

12.1 硬件材料及理论知识准备

12.1.1 硬件材料

两轮差速移动机器人硬件材料如表 12-1 所示。

表 12-1 两轮差速移动机器人硬件材料

名　　称	数量	图　　片	备　　注
myRIO-1900	1		

名　　称	数量	图　　片	备　　注
电机驱动模块	1		型号 L298N
循迹传感器	2		型号 MH-Sensor-Series
超声波模块	1		型号 HC-SR04
电池	1		12V
杜邦线	若干		

12.1.2　背景知识

1. 两轮差速移动机器人基础运动介绍

两轮差速移动机器人由两个主动轮和一个万向轮组成,主动轮提供动力,万向轮作为固定轮脚可以 360°旋转,如图 12-1 所示。通过改变两轮差速移动机器人的两个轮子的转速和转向实现前进、后退、左转弯、右转弯。

2. 循迹传感器(QTI)

QTI(quick track infrared)传感器是一种红外传感器,它利用光电接收管探测其所面对的表面反射光强度,如图 12-2 所示。当 QTI 传感器面对一个很暗的表面时,反射光强度很

图 12-1　两轮差速移动机器人

低;面对一个很亮的表面时,反射光的强度很高。因此,不同强度的反射光导致传感器输出不同,即探测到不同颜色的物体输出不同的电平信号。本书所使用到的 QTI 传感器探测到黑色物体时输出高电平(+5V),探测到白色物体时输出低电平(0V)。

　　此处用到的是霍尔传感器。MH-Sensor-Series 这个型号的霍尔传感器有四个引脚,V_{CC} 接在 myRIO 的"+5V"引脚,GND 对应 myRIO 的 GND,D0 对应 myRIO 的 DIO 引脚(数字模拟量)。这个类型的霍尔传感器可以测试磁场及电流大小。V_{CC} 与 GND 形成完整的通路,D0 提供一个数字信号检测是否有磁场(可以用串口监视器看到),A0 则是一个模拟量的开关。

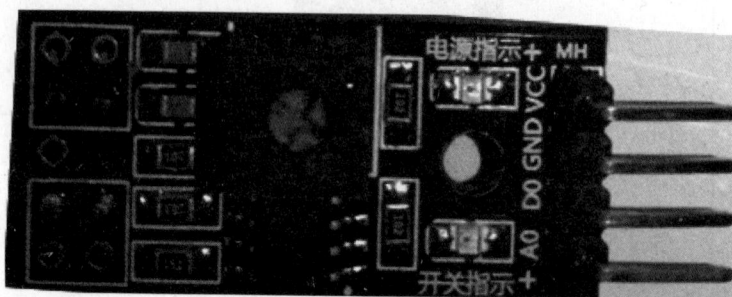

图 12-2　循迹传感器模块

12.2　项目实施

12.2.1　电路搭建

两轮差速移动机器人电路原理图如图 12-3 所示。

两轮差速移动机器人接线图如图 12-4 所示,实物如图 12-5 所示。

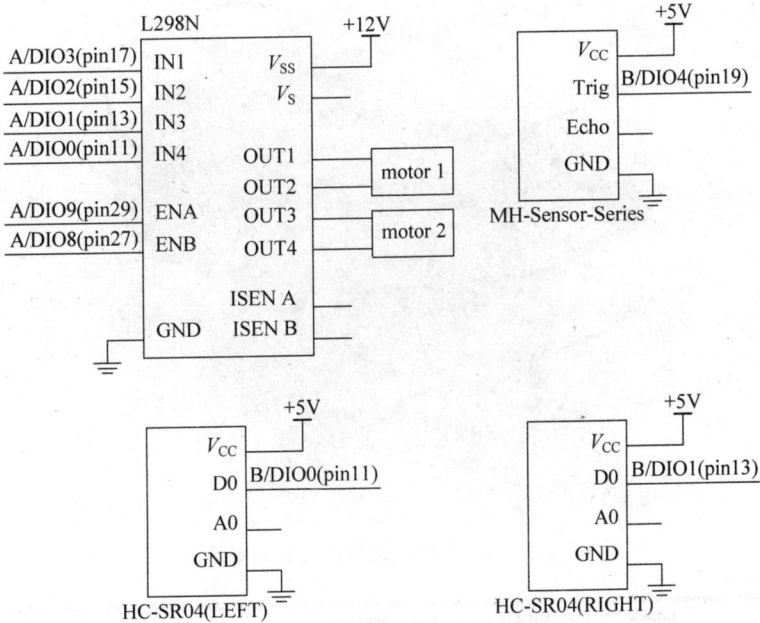

图 12-3　两轮差速移动机器人电路原理图

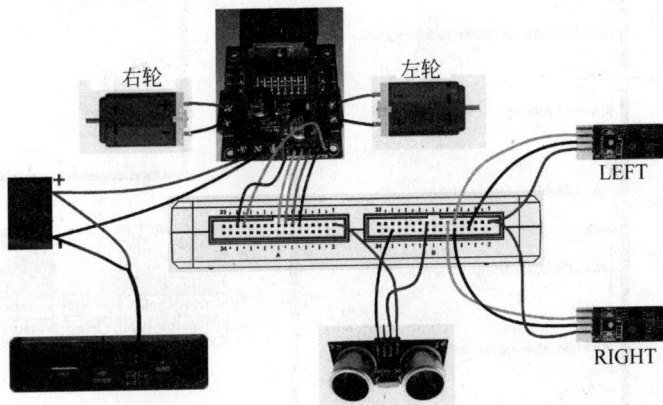

图 12-4　两轮差速移动机器人接线图

12.2.2　程序编写

1. 基础运动

基础运动程序框图如图 12-6 所示。基础运动前面板如图 12-7 所示。

2. 程序解析

电机的转速由占空比和频率决定,此处决定电机的转速,通过改变条件结构改变高低电平的方向实现直行、转弯、后退和停止。当"前进 A"布尔值为 True 时,公式节点输出 1,即条件结构选择"1,默认"分支执行,如图 12-8 所示。

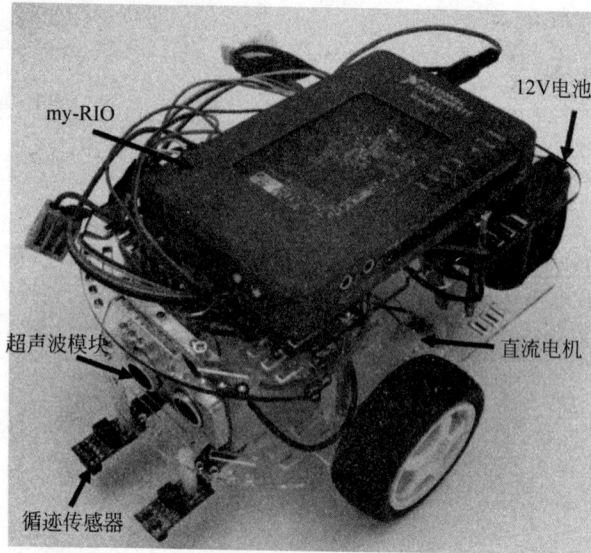

图 12-5　两轮差速移动机器人实物

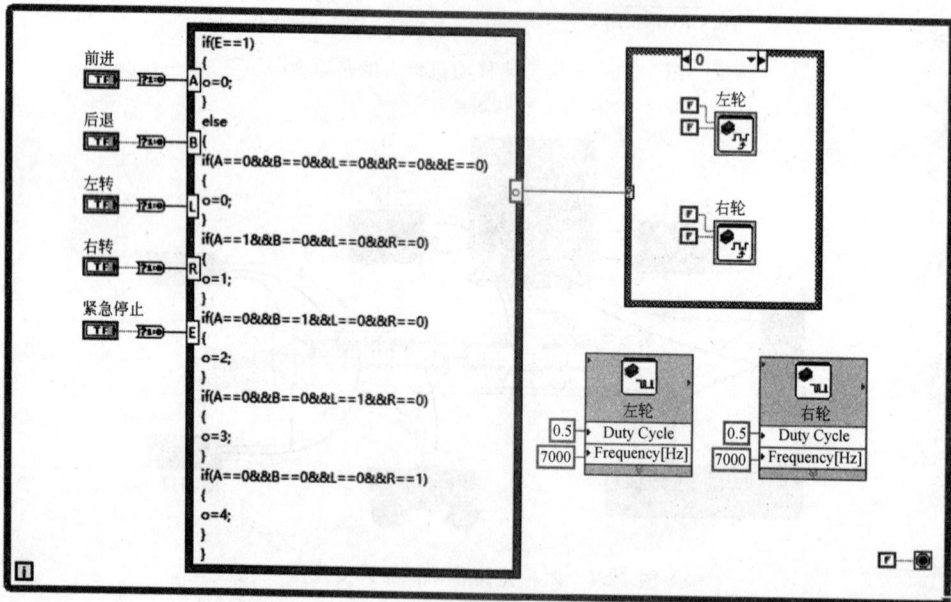

图 12-6　基础运动程序

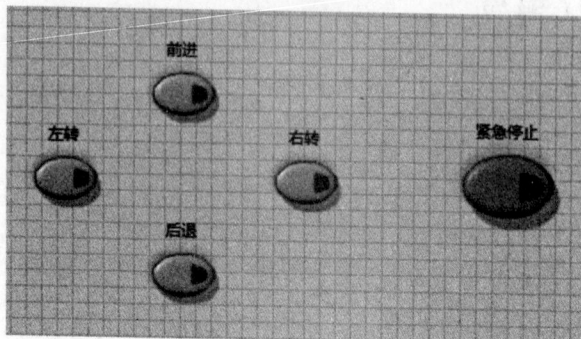

图 12-7　基础运动前面板

同理,当"紧急停止 E"或"后退 B"或"左转 L"或"右转 R"布尔值为 True 时,公式节点输出相应的值给条件结构执行相应的分支,各个分支如图 12-9 所示。

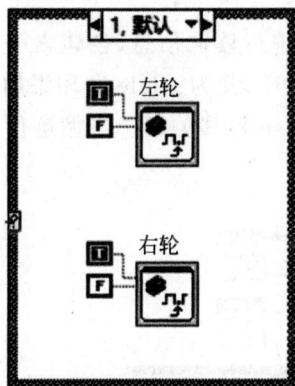

"0"分支为紧急停止　　　　"2"分支为后退

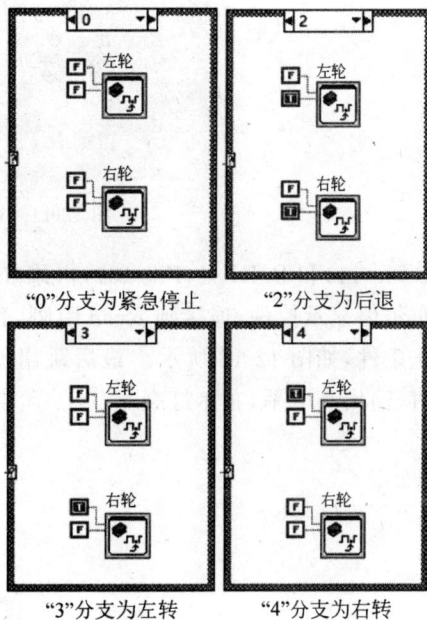

"3"分支为左转　　　　"4"分支为右转

图 12-8　条件结构"1,默认"分支　　　　图 12-9　各个分支图

注意:仅有被按下按钮(除"紧急停车")恢复未按下状态时,小车才会停止行进。当多个按钮被按下时,仅有第一个按下的按钮有效,其余按钮将被视为未按下。

3. 循迹程序的实现

循迹程序框图如图 12-10 所示。

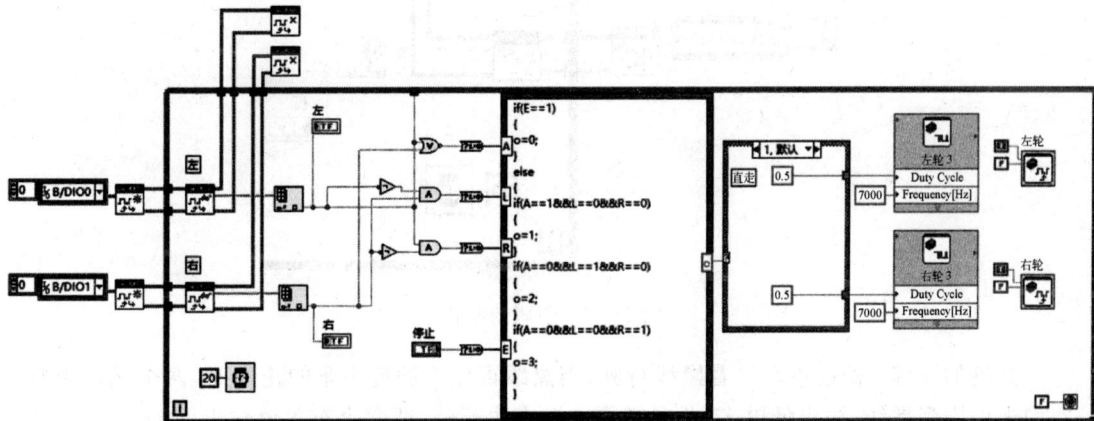

图 12-10　循迹程序框图

循迹前面板图如图 12-11 所示。

4. 程序解析

寻迹模块的使用:在程序框图放置两个数字输入的底层函数 Open(),输出通道选择

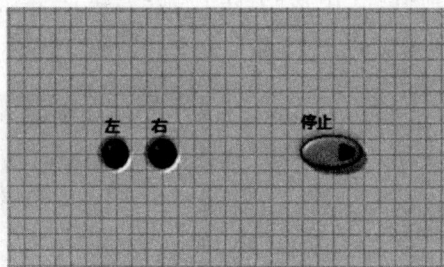

图 12-11　循迹前面板图

B/DIO0(Pin 11)和 B/DIO1(Pin 13),再添加一个 Read 进行读取信息,创建索引数组并创建一个布尔值显示控件,连接到 Read 引脚,套上 while 循环,并为 while 循环添加停止按钮作为停止条件,如图 12-12 所示。最后跳出循环时用 Close 将其关闭。当循迹传感器识别到黑线时,输出高电平,布尔灯亮。

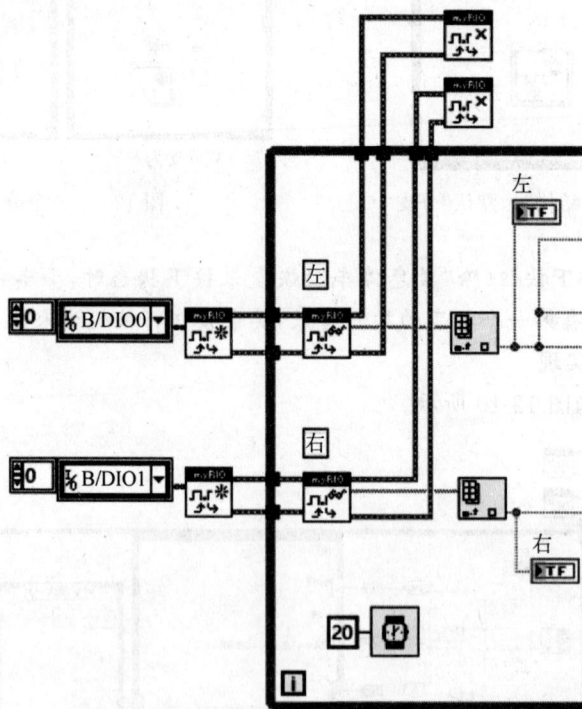

图 12-12　引脚的配置

　　循迹的原理:循迹小车沿着黑线行驶,当黑线正处于循迹小车的正中时,两个循迹传感器均未识别到黑线,输出低电平,此时需要继续直线行驶,即两个布尔值输出 False,通过"或非"控件 和"布尔值至 0,1 转换"控件赋值"1"给公式节点的"A",经公式节点运算后"o"输出"1",则条件结构执行"1,默认"分支,即两个电机的频率和占空比相等,正转速度相同,直线行驶,如图 12-13 所示。

　　当小车跑偏向右时,小车左侧的循迹传感器识别到黑线,右侧的没有识别到,则左侧传

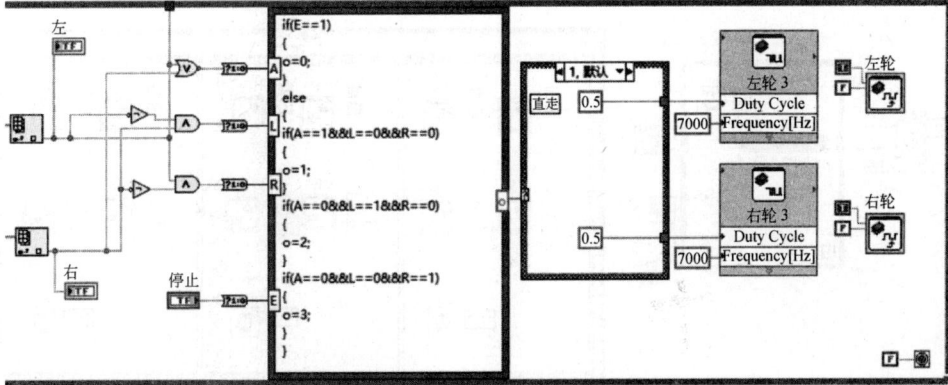

图 12-13 直线行驶时的情况

感器输出高电平（True），右侧传感器输出低电平（False），通过"非"控件、"与"控件和"布尔值至 0,1 转换"控件赋值"1"给公式节点的 R，经公式节点运算后"o"输出"3"，则条件结构执行"3"分支，如图 12-14 所示。

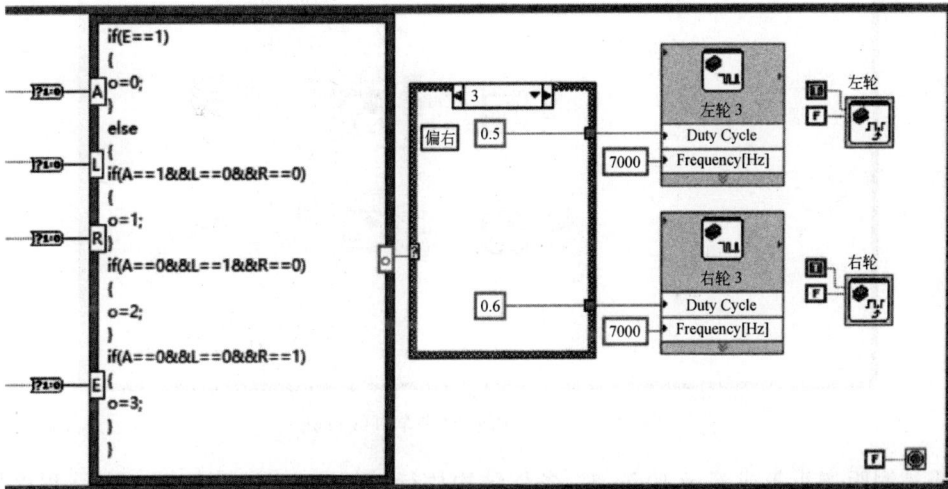

图 12-14 小车偏右时的程序

通过调节占空比调节转速，使右轮转速稍快于左轮转速，进而使车头摆正，当黑线再次位于小车中央时，小车继续直线行驶。

其他情况也如此调整，因此达到循迹的目的。

5. 避障程序的实现

避障程序框图如图 12-15 所示。

本节所用的障碍物为 30cm×20cm×20cm 的木块，避障操作为直线行驶时绕开障碍物。

6. 程序解析

本节直接引用前面所学的超声波测距，当被测距离大于 10cm 时，条件结构执行"真"分支，小车直线行走，"真"时条件结构如图 12-16 所示。

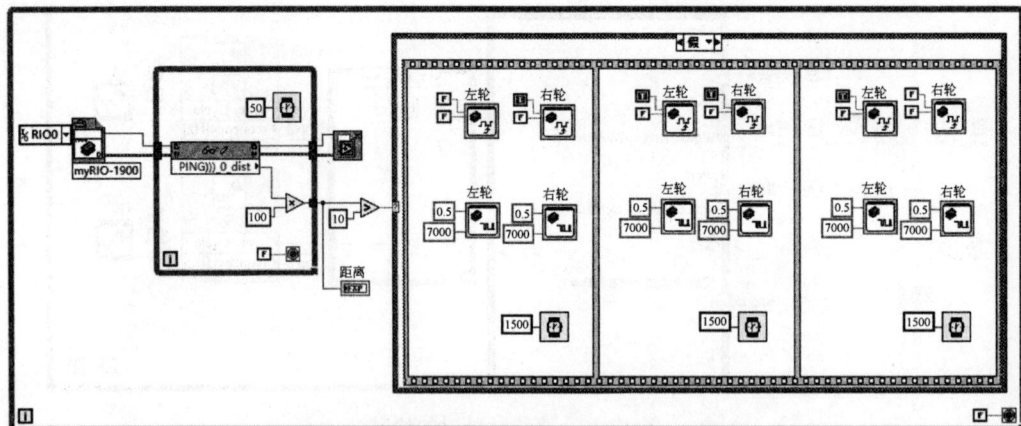

图 12-15　避障程序框图

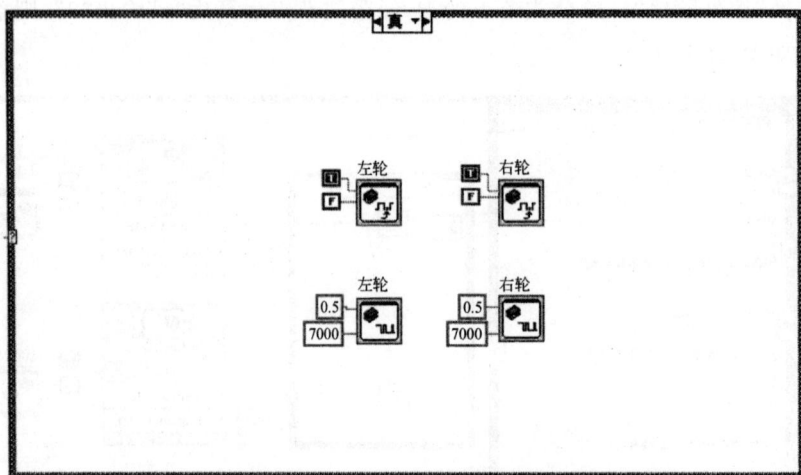

图 12-16　无障碍物时小车直线行驶

当被测距离小于或等于 10cm 时,条件结构执行"假"分支,如图 12-17 所示,程序控制 PWM 模块通过一个 3 帧的顺序结构控制直流电机的转动,第一帧为左侧电机停转,右侧电机正转,小车左转行进,持续 1500ms;第二帧为 2 个电机同时同速正转,小车前进,持续 1500ms;第三帧为右侧电机停转,左侧电机正转,小车右转行进,持续 1500ms。至此,自动避障操作完成。

最后,给程序加上一个 while 循环结构,避障完成后继续直行直到下一次检测到障碍物。

12.2.3　运行调试

1. 小车的基础运动

在实际的运动中,由于硬件的细微差别和各种误差的存在,即使把两个电机的占空比和频率调制相同,电机的转速也不一定相等。因此需要对组装好的小车进行调试。例如,在直

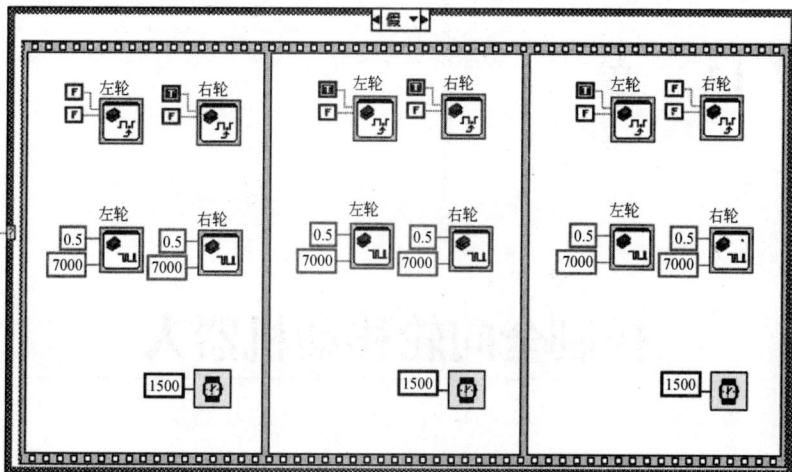

图 12-17　有障碍物时执行避障操作

线行驶中，如果小车跑偏向右，则需要把右侧电机转速调高，增加占空比或者降低频率，直到小车能跑出直线。对于小车转弯也应用相同的原理，要根据实际所需要转动的角度进行调试。

2. 对循迹小车的调试

在循迹过程中，如果地面与黑线的差异不太大，可使用螺钉旋具调节循迹模块上的灵敏度调节螺钉，使模块能准确识别出地面与黑线。

在实际的循迹过程中，使用两个寻迹模块较难达到理想的循迹效果，建议使用 4 个或 6 个循迹模块。在运动过程中，小车很可能会偏离黑线，此时需要对两个轮子的速度差进行多次调试，直到能沿着黑线行驶。

3. 避障程序的调试

当小车遇到障碍物时，根据上述程序，需要先左转，直行，再右转绕过障碍物，此时的转弯是使小车转过 90°，因此，需要根据小车的实际情况调整顺序结构的延时，使小车能准确绕开障碍物。

思　考　题

在本章介绍的两轮差速移动机器人中，避障和循迹的接线都接在同一辆小车上，那么能否修改并优化程序，使得小车能同时拥有循迹和避障的功能呢？

第 13 章

控制全向轮移动机器人

项目介绍

人想要走到某个地方，只需要迈开双脚，眼睛看着目标位置，直走过去就能到达。机器人没有眼睛，也不能像人类大脑一样能够自主判断。我们能控制的只有三个轮子的转速。怎么样才能使机器人自动准确地到达指定位置呢？本章将介绍三轮全向轮移动机器人，通过编程，赋予其能自主判断的"大脑"。

项目目的

(1) 掌握三轮移动机器人前进、后退、转弯等基础运动控制；

(2) 学会使用 PID 控制机器人的基础运动；

(3) 掌握移动三轮机器人运动学正向解和逆向解；

(4) 学会使用基于坐标的运动控制全向轮移动机器人。

13.1 硬件材料及理论知识准备

13.1.1 硬件材料

全向轮移动机器人硬件材料如表 13-1 所示。

表 13-1 全向轮移动机器人硬件材料

名　　称	数量	图　　片	备　　注
myRIO	1		

续表

名　　称	数量	图　　片	备　　注
三轮全向轮机器人底盘	1		
电机	3		
电机驱动板	2		型号 L298N
电池	2		12V

13.1.2　背景知识

1. 三轮移动机器人基础运动介绍

三轮移动机器人如图 13-1 所示。

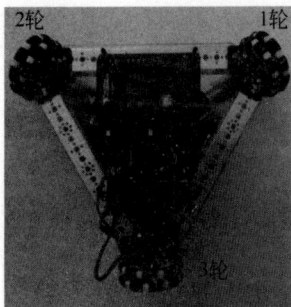

图 13-1　三轮移动机器人各轮位置

轮子转向定义为图片方向逆时针为正。

机器人的基本动作可分为前后运动、左右运动和自转运动。

1）前后运动

如图 13-2 所示，以前进为例，1 轮正转，2 轮反转，1 轮和 2 轮速度一致，3 轮为静止。后退 1 轮和 2 轮转向相反即可。

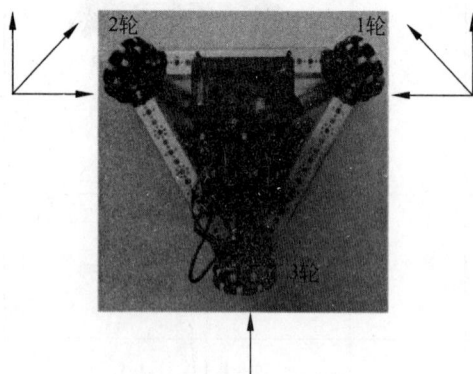

图 13-2　前进时候的运动分解

2）左右运动

如图 13-3 所示，以左移为例，1 轮和 2 轮正转，3 轮反转。三轮的速度比为 1：1：2。右移三轮转向相反即可。

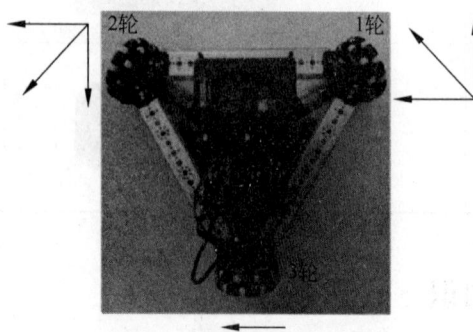

图 13-3　左移时的运动分解

3）自转运动

如图 13-4 所示，机器人以逆时针原地旋转为例，三轮皆为正转，且速度之比为 1：1：1。顺时针原地旋转三轮反转即可。

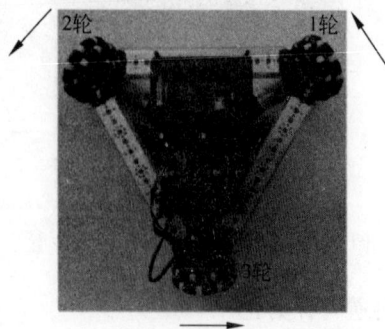

图 13-4　自转时的运动分解

2. 三轮移动机器人运动学正向解

建立机器人的运动学模型,用局部坐标(机器人本身)和全局坐标的关系表示机器人自身的速度和角度以及两个坐标系之间的角度差等。通过这些参数建立运动学模型,在理想条件下,即可控制机器人精确地抵达全局坐标上的一个坐标点,如图 13-5 所示。

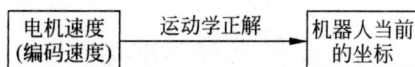

图 13-5 速度与坐标转换

当我们需要精确控制机器人的运动,首先需要得知的是机器人的位置。通常机器人的位置使用坐标来表示,但我们控制机器人,控制的只是电机的转速。而运动学正向解就是通过计算,将机器人轮子的转速换算得到机器人在世界坐标系中的位置,如图 13-6 所示。

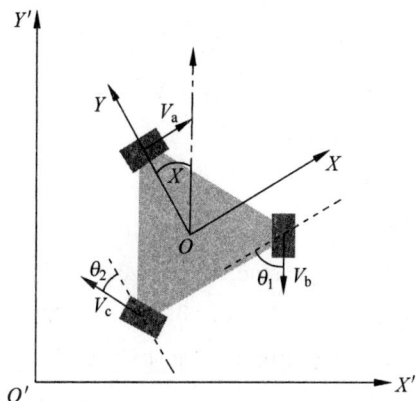

图 13-6 机器人相对于世界中的位置分解

知道电机的转速、轮子的半径和三个轮子的位置关系,可以使用正交分解,将三个速度 V_a、V_b、V_c 转化为机器人的线速度 V_x、V_y 和角速度 ω。

再经过三角换算,得到世界坐标系中机器人的线速度 V'_x,V'_y 和角速度 W(其中角速度 W 与 ω 相等)再各自求积分,便可以知道机器人在世界坐标 x'、y' 下的位置和机器人的转向角度 ω。

3. 三轮移动机器人运动学逆向解

机器人速度与电机速度转换如图 13-7 所示。

图 13-7 机器人速度与电机速度转换

运动逆向解是指使机器人能准确地走到指定位置。世界坐标系机器人整体运动坐标转化为机器人各个电机速度,如图 13-8 所示。

(1)世界坐标与机器人坐标之间的转换。

在世界坐标系中机器人的线速度 V'_x,V'_y 和角速度 W,与机器人坐标系中线速度 V_x,V_y 和角速度 ω 间的转换关系如下:

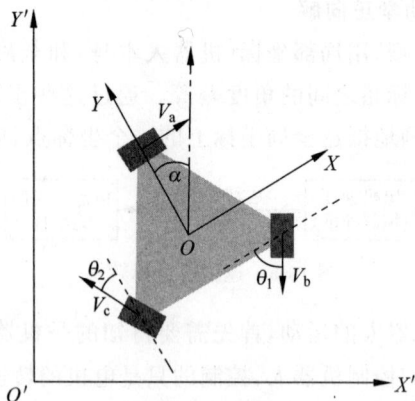

图 13-8　机器人相对于世界坐标系中的位置分解

$$V_x = V'_x \cos\alpha - V'_y \sin\alpha$$

$$V_y = V'_x \sin\alpha + V'_y \cos\alpha$$

$$\omega = W$$

得到矩阵

$$\begin{bmatrix} V_x \\ V_y \\ \omega \end{bmatrix} = \begin{bmatrix} \cos\alpha & \sin\alpha & 0 \\ -\sin\alpha & \cos\alpha & 0 \\ 0 & 0 & 1 \end{bmatrix} \cdot \begin{bmatrix} V'_x \\ V'_y \\ W \end{bmatrix}$$

（2）机器人坐标系线速度 V_x、线速度 V_y、角速度 W 与三个轮子电机转速 V_a、V_b、V_c 之间转换：

$$\begin{bmatrix} V_a \\ V_b \\ V_c \end{bmatrix} = \begin{bmatrix} 1 & 0 & L \\ -\cos\theta_1 & -\sin\theta_1 & L \\ -\sin\theta_2 & \cos\theta_2 & L \end{bmatrix} \cdot \begin{bmatrix} \cos\alpha & \sin\alpha & 0 \\ -\sin\alpha & \cos\alpha & 0 \\ 0 & 0 & 1 \end{bmatrix} \cdot \begin{bmatrix} V'_x \\ V'_y \\ W \end{bmatrix}$$

（3）化简后得到世界坐标系机器人底盘整体运动速度转换成机器人各个电机速度：

$$\begin{bmatrix} V_a \\ V_b \\ V_c \end{bmatrix} = \begin{bmatrix} \cos\alpha & \sin\alpha & L \\ -\cos\theta_1\cos\alpha + \sin\theta_1\sin\alpha & -\cos\theta_1\sin\alpha - \sin\theta_1\cos\alpha & L \\ -\sin\theta_2\cos\alpha - \cos\theta_2\sin\alpha & -\sin\theta_2\sin\alpha + \cos\theta_2\cos\alpha & L \end{bmatrix} \cdot \begin{bmatrix} V'_x \\ V'_y \\ W \end{bmatrix}$$

13.2　项　目　实　施

13.2.1　电路搭建

1. 电路原理图

全向轮移动机器人电路原理图如图 13-9 所示。

2. 接线图

全向轮移动机器人接线图如图 13-10 所示。

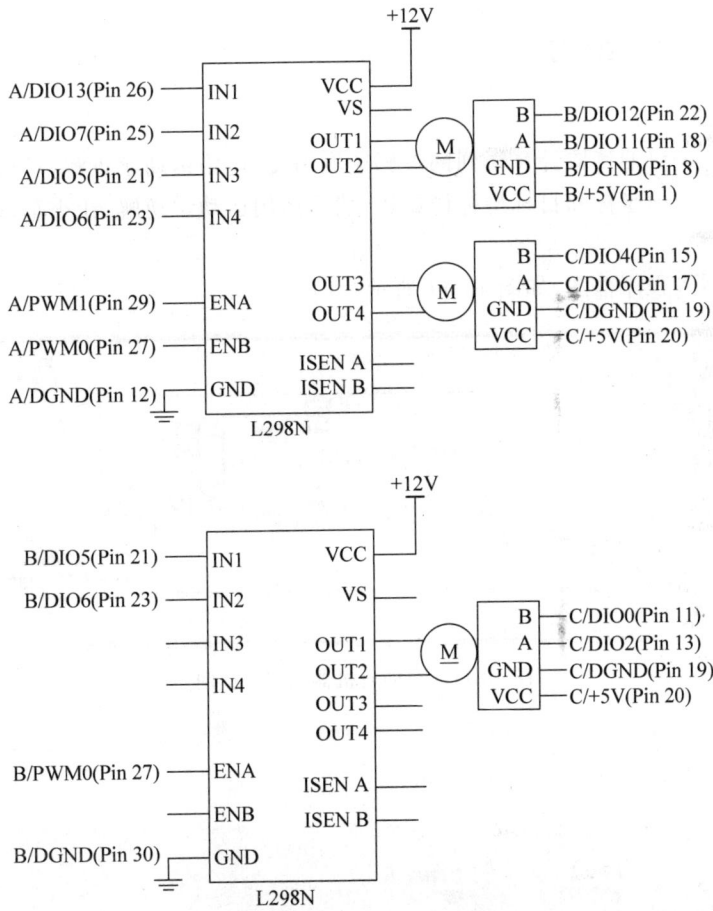

图 13-9 各电机的电路原理图

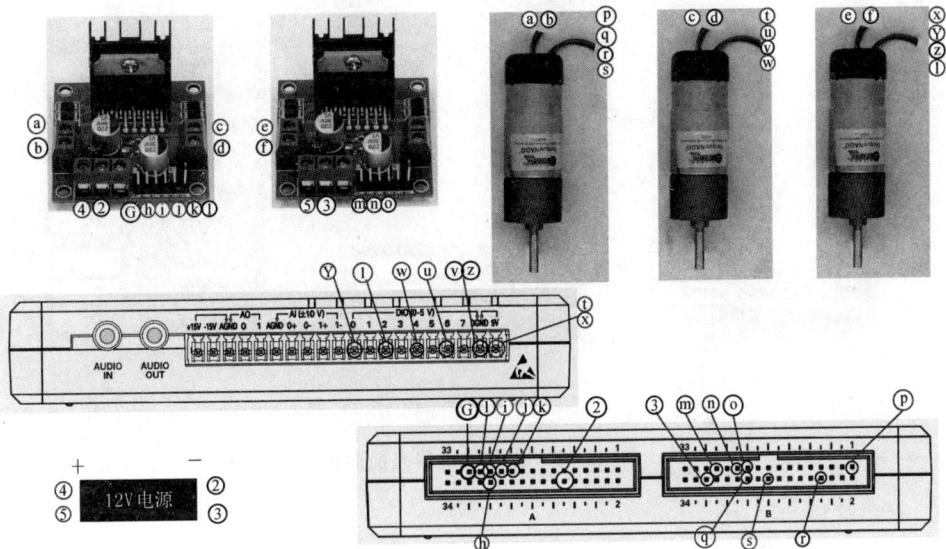

图 13-10 各电机的接线图

13.2.2　程序编写

1. 编程思路

我们需要从编码器读取计算得到的编码速度出发,运用运动学正解,求得小车目前所在位置的坐标。把当前坐标和目标坐标做比较,然后运用运动学逆解,让小车抵达指定位置。

2. 总程序图

全向轮机器人程序框图,如图 13-11 所示。

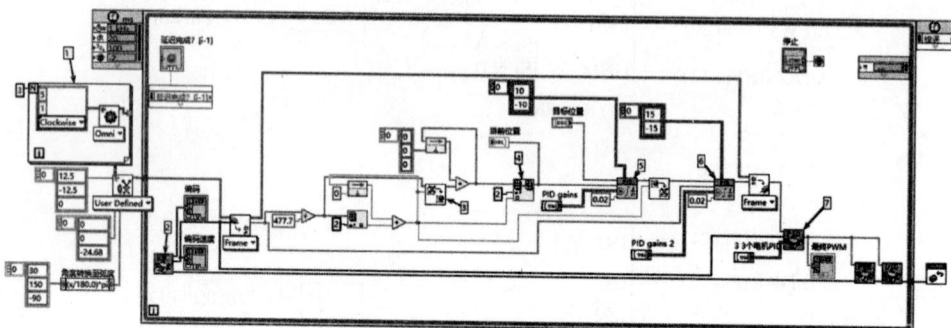

图 13-11　全向轮机器人程序框图

3. 前面板

全向轮机器人前面板如图 13-12 所示。

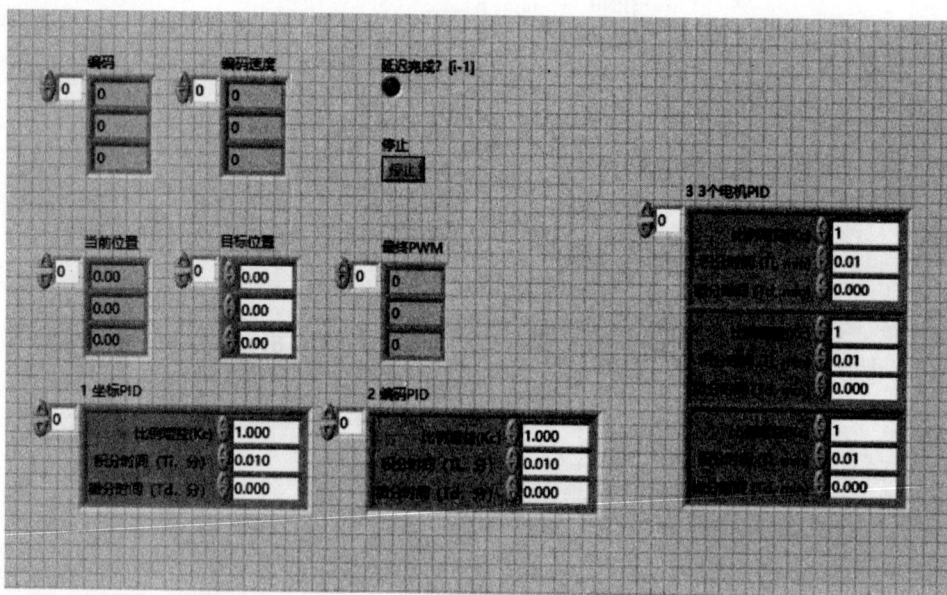

图 13-12　全向轮机器人前面板

4. 程序解析

1) 小车的框架的建立

框架是由机器人本身的结构(轮子的半径和三个轮子)的位置关系决定。在 myRIO 中可以使用坐标的工具包分别输入三个轮子实测的数据进行计算,如图 13-13 所示。

图 13-13　坐标工具包

工具包面板如图 13-14 所示。

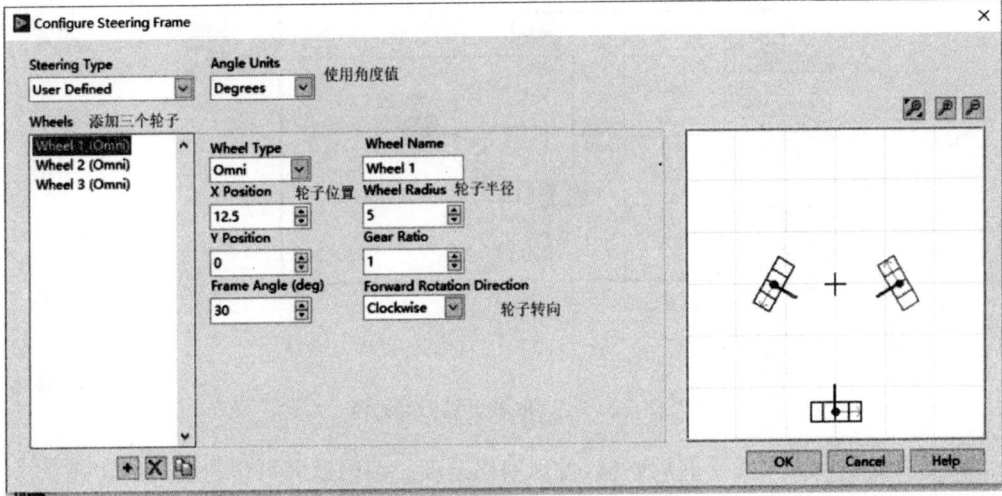

图 13-14　工具包面板

当然，为了程序能更稳定、快速运行，我们可以使用底层函数来编写框架，如图 13-15 所示。

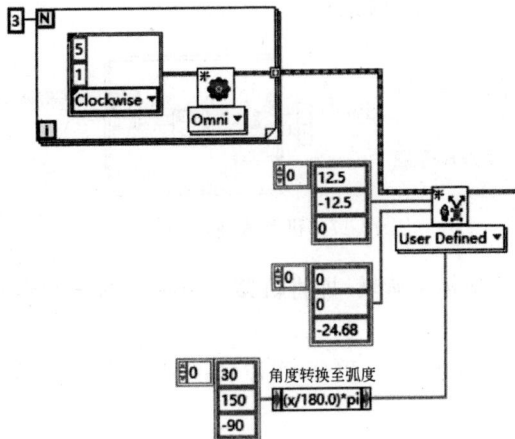

图 13-15　底层函数代替工具包

for 循环执行 3 次分别得出每个轮子的半径、传动比和转动方向。轮子选择欧米轮。接着下方的 Create User Defined Steering Frame.vi 控件再分别输入 3 个欧米轮的 x 坐标、y 坐标以及转换为弧度制的角度。

2）电机转速的采集和换算

读取各电机的编码值,如图 13-16 所示。

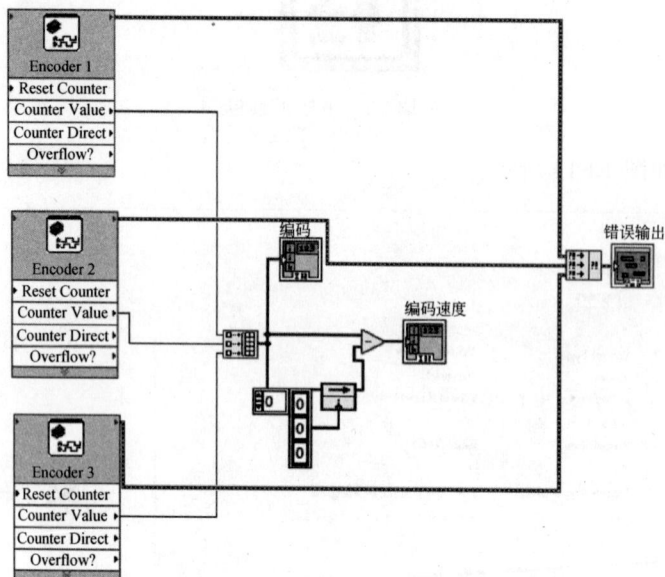

图 13-16　读取各电机的编码值

编写子 vi 读取三个轮子的编码值,得到编码速度。编码速度可作为电机的转速。

编码速度经过转换和换算成为机器人坐标系中线速度 V_x,V_y 和角速度 W。

角速度 W 被索引出来后,经过不断累加(积分)可以转换成世界方向角,即小车相对于世界坐标的夹角。

3）将机器人速度换算成世界速度

机器人速度的换算如图 13-17 所示。

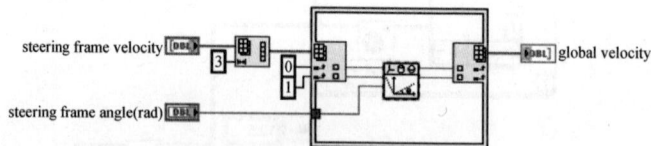

图 13-17　机器人速度的换算

中间子 vi 为二维直角坐标系旋转,即将机器人坐标下的速度旋转 ω 角度后变成世界坐标下的速度,即世界速度。

得到世界速度后,通过不断累加(积分)可以转换成世界坐标。此时,便得出了小车当前的世界坐标 x' 和 y'。

由于其中世界坐标下的角速度 W 与机器人的角速度 ω 相等,不需要经过子函数转换。直接将其积分后,代替世界坐标数组第三个元素,便得到了小车当前世界坐标下的转向 W'。设定了目标位置后,运用 PID 算法实现位置环矫正,矫正输出的世界速度经转换变回框架的速度,就可以进行下一步调整了。

输入的框架目标速度与当前的框架速度作比较,运用速度 PID 算法矫正后再转换成编码速度即为需要设定的编码速度,如图 13-18 所示。

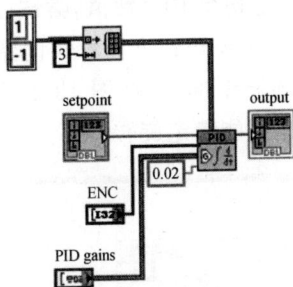

图 13-18　三个电机 PID.vi

　　把前面得到的目标编码速度与当前的编码速度再做一次 PID 算法,即可控制 PWM 的大小和电机需要转动的方向了,如图 13-19 所示。

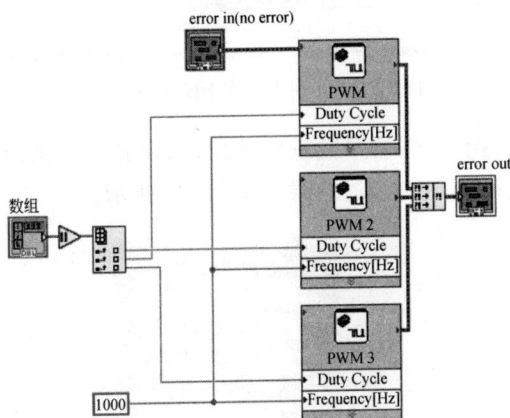

图 13-19　PWM 控制.vi

电机方向控制,如图 13-20 所示。

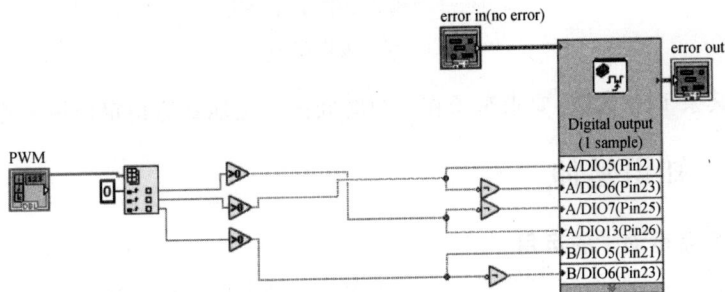

图 13-20　电机方向控制.vi

13.2.3　运行调试

(1) 将全向轮机器人各零件组装好,连接上 NI myRIO。

(2) 测量小车中心到三个轮子中心的距离和它们之间的位置关系、轮子半径等,分别填写到工具包中。

（3）编写程序，连接好电池，设定初始 PID 数值，尝试启动程序，看是否能正常运行。

（4）车子能正常运行，首先调定将编码速度换算成世界坐标系速度的比值参数。

（5）在程序中禁用 PID 的闭环调整部分，如图 13-21 所示，使用一个 PID 控制电机转速，要求三个电机转速相同，使得车子能稳定旋转一周。

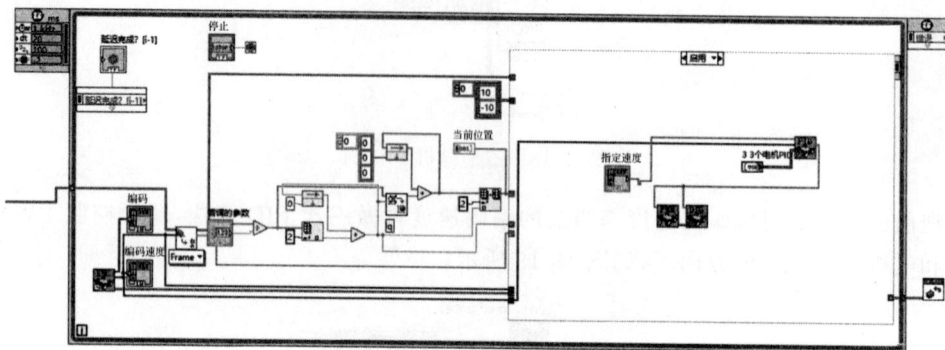

图 13-21　禁用 PID 的闭环调整部分

（6）将车子置于地上跑 360°，若参数正确，输出的世界坐标系速度应近似 $x=0, y=0$，角度 $\omega=360°$，尽量将该比值调准，最终结果如图 13-22 所示。

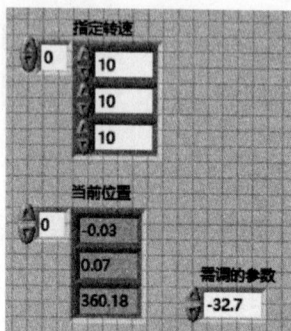

图 13-22　最终结果

（7）调节其余 PID 参数，要求车子在最短时间内稳定地到达指定坐标位置。

13.2.4　知识延伸

三轮全向底盘运动学的运用

在一些项目中，我们经常会遇到使小车走向指定地方的情况。例如，当我们被要求控制小车抓取一个物体时，就可以用到全向底盘的正逆运动学。建立小车的运动学模型，确定自身的坐标轴方向以及各电机相对于设定原点的角度和距离，把各电机的编码速度通过一系列运算得出小车相对于全局坐标的当前位置。通过视觉的捕获以及定位，向主控单元发送物体的坐标位置，就可以使用逆运动学，把信息换算回各电机的编码值，结合 PID 算法，就可以把设定的坐标值转换为设定的编码值，编码速度，准确地控制小车到达指定地点。

思　考　题

　　尝试在程序上添加图像,使之能在 LabVIEW 前面板上直观地看到小车当前位置与目标位置之间的关系。

参 考 文 献

[1] 邓三鹏,岳刚,权利红,等.移动机器人技术应用[M].北京:机械工业出版社,2018.

[2] 梁红卫,张富建.电工理论与实操(上岗证指导)[M].北京:清华大学出版社,2018.

[3] 王素娟,屠子美,秦琴.NI myRIO 入门与进阶教程[M].武汉:华中科技大学出版社,2021.

[4] 陈孟元.移动机器人 SLAM 目标跟踪及路径规划 [M].北京:北京航空航天大学出版社,2018.

[5] 陈白帆,宋德臻.移动机器人[M].北京:清华大学出版社,2021.

[6] 杨飒,张辉,樊亚妮.电路与电子线路实验教程[M].北京:清华大学出版社,2018.

[7] 王耀南,彭金柱,卢笑,等.移动作业机器人感知、规划与控制[M].北京:国防工业出版社,2020.